北欧式

Matte med mening —— tänka tal och söka mönster

眠くならない数学の本

クリスティン・ダール 著

スヴェン・ノードクヴィスト 絵

枇谷玲子 訳

三省堂

本書はスウェーデン文化庁 Swedish Arts Council から
翻訳にかかわる費用の助成を受けて刊行しています。

MATTE MED MENING

Copyright © 1994 text by Kristin Dahl and
illustrations by Sven Nordqvist
Japanese translation rights arranged with
ALFABETA BOKFÖRLAG AB
through Japan UNI Agency, Inc.

北欧式
眠くならない数学の本
もくじ

もくじ

はじめに 7

だれだって数学者 8
- 数学は言葉 12
- 数学は道具 14
- 数学は補助手段 15
- 数学は空想、推測 —— それにおかしなアイディア 17

図にすることで、アイディアが生まれる 18

次の段に入る正方形はいくつ? 20
- マッチ棒で三角形を作ろう 22

模様を作る 24
- モザイクを作る 26

ナウム・ガボ 28

円で模様を描く 30

ピタゴラス —— 数学界の伝説の人物 32

1から20まで、ヘカトン 38
- ヘカトン 39

身のまわりにいっぱいある対称 40

フラクタル —— 役に立つ発明 44
- フラクタルを描く 46
- 緻密であればあるほど、長くなる 49

指から数字へ 52

思考を読む 60

エラトステネスのふるい ⋯⋯⋯⋯⋯⋯⋯⋯⋯⋯⋯⋯ 62

■ 素数を探そう ⋯⋯⋯⋯⋯⋯⋯⋯⋯⋯⋯⋯⋯⋯⋯ 63

正方形のパズル ⋯⋯⋯⋯⋯⋯⋯⋯⋯⋯⋯⋯⋯⋯⋯ 66

ゴールドバッハの予想 ⋯⋯⋯⋯⋯⋯⋯⋯⋯⋯⋯ 70

数学界の王様 ⋯⋯⋯⋯⋯⋯⋯⋯⋯⋯⋯⋯⋯⋯⋯⋯ 72

らせんとウサギ ⋯⋯⋯⋯⋯⋯⋯⋯⋯⋯⋯⋯⋯⋯⋯ 78

20日間でどうやったら大金もちになれる？ 86

魔方陣 ⋯⋯⋯⋯⋯⋯⋯⋯⋯⋯⋯⋯⋯⋯⋯⋯⋯⋯⋯⋯ 88

何通り? ⋯⋯⋯⋯⋯⋯⋯⋯⋯⋯⋯⋯⋯⋯⋯⋯⋯⋯⋯ 92

■ 爆発的に増える ⋯⋯⋯⋯⋯⋯⋯⋯⋯⋯⋯⋯⋯⋯ 94

オイラーの多面体定理 ⋯⋯⋯⋯⋯⋯⋯⋯⋯⋯⋯ 96

トポロジーを使った遊び ⋯⋯⋯⋯⋯⋯⋯⋯⋯ 100

メビウスの帯 ⋯⋯⋯⋯⋯⋯⋯⋯⋯⋯⋯⋯⋯⋯⋯ 104

4色問題 ⋯⋯⋯⋯⋯⋯⋯⋯⋯⋯⋯⋯⋯⋯⋯⋯⋯⋯ 108

調和のとれた立体 ⋯⋯⋯⋯⋯⋯⋯⋯⋯⋯⋯⋯⋯ 110

■ 頂点と辺と面を数えよう ⋯⋯⋯⋯⋯⋯⋯⋯ 113

答え ⋯⋯⋯⋯⋯⋯⋯⋯⋯⋯⋯⋯⋯⋯⋯⋯⋯⋯⋯⋯ 114

用語索引 ⋯⋯⋯⋯⋯⋯⋯⋯⋯⋯⋯⋯⋯⋯⋯⋯⋯⋯ 124

訳者からみなさんへ ⋯⋯⋯⋯⋯⋯⋯⋯⋯⋯⋯ 126

装幀／小口翔平＋三森健太＋上坊菜々子（tobufune）
編集協力／何森仁　小沢健一

はじめに

　あなたは「数学ってつまらないし、難しい」って思ったことはありますか?「嫌い」「自分の生活には関係ない」って決めつけてはいませんか?

　実はわたしも同じように考えていました。数学が何なのか、気づくまでは。

　この本を読むことで、あなたの数学に対する見方が変わればいいのですが──わたしがちょうど、そうだったように。だって数学はつまらなくも、難しくもないんですから。あなたに必要なのは、自分の頭に何が入っているか、すでに何ができているのかを、ちょっぴり整理すること。

　この本をじっくり読んでみてください。図形や計算の問題の解き方は、1つじゃありません。いろんなやり方を試してみて。それまでとは正反対に考えてみるのもよいでしょう!

クリスティン・ダール

　追伸　数学の扉を開くキーワード──それはパターンです。

だれだって 数学者

　数学って何でしょう？　あなたもほかの大半の人と同じで、数学という言葉を聞いて、数や計算を真っ先に思い浮かべるのではないでしょうか。

　その通り。計算は数学の大事な要素です。そしてわたしたち人間は、何10万年、何100万年もの間、さまざまな方法で計算をしてきました。3万年前に生きていた人たちは、計算がとても上手だったことがわかりました。3万年前、計算法の1つとして使われていた、刻み目の入ったオオカミの骨が、発見されたのです。

オオカミの骨

2＋2が4であることは、あなたの家のまわりの一番古い岩よりも、はるか昔からある事実です。岩はせいぜい数十億歳。数百年もすれば、すり減ってくることでしょう。一方、2＋2の答えは何年たとうが、4です！

気づいていないかもしれませんが、実はわたしたちはみんな、数学者です。イラストの女の子を見てみてください！　地面に模様を描き、飛び跳ねながら、計算をしています。片足で跳ね、もう一方の足で、また跳ねる。ジャンプして、ぱっと両足を広げて、着地。決まったパターンで、庭を行ったり来たりしています。これは数学なのです！

数学はこっちにもありますよ。セーターに規則正しく織られた線と四角と星。思い返してみてください。きっとあなたも刺繍をしたり、編み物をしたことがあるはずです。うまくいけば、できあがった時、ちゃんと模様(パターン)になっていたはず。あなたはその時から実は、とってもすばらしい数学者だったのです！

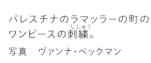

パレスチナのラマッラーの町のワンピースの刺繍。
写真　ヴァンナ・ベックマン

　わたしたちは食料を買いだしに行き、銀行でお金を下ろし、ロトくじを引き、スポーツ・ニュースで試合の結果を確認し、セーターを編み、せき止め薬の量をはかり、カード・ゲームをしたりしますが、それらはすべて数学に関係があります。

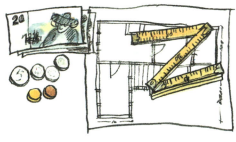

わたしたちはさっきの 2 + 2 = 4 と同じように、お決まりの計算法を用います。たとえば、ジョーカーをぬいたトランプの枚数は、4 × 13 = 52（4種類のマーク1種類につき13枚ずつカードがあるので、カードの数は全部で4 × 13枚）です。

計算の決まりは、ある意味、数学の骨格と言えます。数学はほかにも、あちこちにあります。探してみましょう。

■ 数学は言葉

　数学者には数学者の言葉があります。正方形、正八面体、トポロジー（位相幾何学）、素数といった空想力に満ちた言葉は、数学者たちが自分たちの考えを書き表すため、生みだしてきた仕事道具です。これらはあいまいでない、とても厳密な言葉です。

　数学の言葉は、学んだことのない人には理解できません。でもそれはどの言葉にも言えることですよね？　わたしたちは新しい言葉を学ぶ時、単語を覚え、それらをどう組みあわせると意味が通じるのか、一定のルールを学ばなくてはなりません。そうしないと英語などの外国語を理解し、話せるようにはなれないのです。

アイシング！

アイスホッケーの世界には、選手の間でしか使われない表現、独自の言葉があります。でもそれは、アイスホッケーの世界だけでしか理解されません。

　数学の言葉がぬかりないのは、世界のどこに行っても同じであるところです。数学用語は、国際語なんです。あなたはたとえばブータンやポーランドの女の子と話そうとしても、恐らく相手が何を言っているか、ちんぷんかんぷんでしょう。だけどその子たちが使っている数学の教科書を見せてもらえば、何が書いてあるのか何となくわかるでしょう。

　数学の言葉は、一種の記号みたいなものです。わたしたちはそれらの記号を使って、数学的な考えをごく簡潔に書き表すことができます。たとえば、「6かける8は48」は、数学者に言わせると、「6に8を乗じた解は48である」となります。でも数学の記号を使えば、「6 × 8 = 48」たったこれだけで表せるのです。

記号

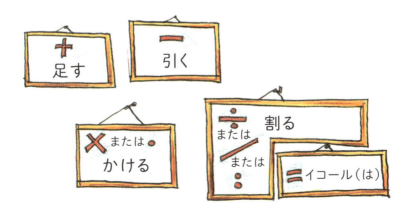

数学は道具

　自然科学の研究者たちは、時に数学を道具として用います。そうして、宇宙がどうやってつくられたのかや、生命が誕生した仕組みを解明しようとするのです。研究者たちは、自分の理論をまとめ、発表する時、数学者の言葉を使います。

数学の力を借りて

- 宇宙を研究する天文学者は、天の川がどんなふうになっているかを、数学を使って知ることができます。
- 物理学者は、たとえば原子について調べることができます。原子はとても小さくて、目で見ることができません。でもその小さな原子が、宇宙のすべてを形づくっているのです。あなたやほかの人の体も、学校の机も、家も、車も、空気も、花も、地球も、星もすべて。物理学者は原子を、核などのさらに小さな粒に分けます。この時、目には見えない粒がどんなふうに動くのかを知るのにも、数学が必要なのです。
- エンジニアは、核エネルギーを何に使うことができ、核燃料から出る放射性廃棄物をどう保管すればいいのかを、数学の力を借りて、知ることができます。
- 生物学者は、バクテリアがどれぐらいのスピードで増殖するかを、数学を使って知ることができます。

■ 数学は補助手段

　数学は日常生活にも日々の仕事にも役に立つ、質の高い補助手段です。わたしたちをとりまくほとんどすべての技術が、数学をベースにしています。エンジニアは、冷蔵庫やCDプレイヤー、コンピュータ、橋、飛行機、兵器、人工衛星、家や宇宙船をどうつくったらいいか、計算します。気象予報士は、次の日の天気がどうなるか、計算によって予測するのです。

設計士がちゃんと計算できていれば、こんなことにはならなかったのに……

　アメリカのワシントン州シアトルにあるタコマ・ナローズ橋は、1940年に建設されました。でも、全長約1600メートルもの長さの橋をわざわざかけたのに、強い風が吹いただけで揺れ、たわんでしまったのです。

　橋が開通した4か月後のある嵐の日のことでした。シャンプーされた後の犬が水を払おうと体をブルブルさせるみたいに、橋がねじれはじめました。その数時間後、橋はちぎれて落ちてしまいました。（不幸中の幸いにも、橋の上にいた車は1台だけ。その車の運転手も助かりました。人間は、失敗から学べます。今では設計士たちは、どう計算したら橋がこんなふうに落ちないかを知っています。）

写真　Pressens Bild

■ 数学は空想、推測 ── それにおかしなアイディア

　数学者は自分たちの思考やアイディア、新しい説を、エンジニアや物理学者、天文学者などに使ってもらうためだけに、研究しているわけではありません。そうじゃないんです。数学者が研究をするのは、自分たちの空想をふくらませ、新たな概念や思考の骨組みをつくるためです。

　たとえば、こんなふうに！　$\int_{a}^{t} f(x)dx = G(t) - G(a)$

　数学者がつくる作品は、現実世界の何にも似ていません。数学者の空想は、どんなに奇妙に見えようと、遅かれ早かれ何かの役に立ちます。

　あなたはこの本を読み進める中で、そのことを感じ取ることでしょう。それに、

数学はそこら中にある

ってことも。植物にも、動物にも、建物にも、芸術にも──そう、わたしたちの身のまわりに──わたしたちの目に映るすべての場所に、数学はあるのです。

図にすることで、アイディアが生まれる

　この図を見てみて！
4つの辺と4つの頂点でできた、四角形。

　4つの辺の長さはばらばらです。

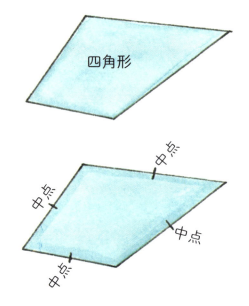

　それぞれの辺の中点に印をつけます。

　それら4つの中点を順に4本の線で結びましょう。すると新しい図形——新しい四角形ができあがります。

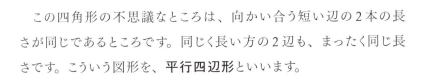

　この四角形の不思議なところは、向かい合う短い辺の2本の長さが同じであるところです。同じく長い方の2辺も、まったく同じ長さです。こういう図形を、**平行四辺形**といいます。

18

やってみよう

　四角形を描いてみましょう。4つの辺と4つの頂点をもつ、ただのおかしな図形ができるかもしれません。その図形の辺の長さを定規で測って、ちょうど真ん中のところに印をつけましょう。定規を使って、それらの印を順に線で結びます。
　すると平行四辺形のできあがり。
　四角形をもっといろいろ作ってみて！

これも四角だよね……

調べてみたら？

　数学者はこんなふうに、図や形を描いて、遊びます。図にすることでアイディアが浮かびやすくなりますし、パターンや共通点、ルールや仕組みを発見する助けにもなります。

次の段に入る正方形はいくつ？

　パターンを見つけることで、問題がたちまち解決されることがしばしばあります（数学の世界に限った話じゃありませんよ）。パターンを見つけることで、次に起きることを予想できるのです。

　右の図を見てみてください！最初は1つの四角形でした。辺の長さがすべて同じで4つの角が直角なので、これは正方形です。次の図では正方形が4つ、その次の図では9つありますね。

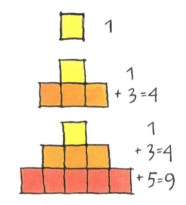

その後の図で、正方形はいくつ描かれることになるでしょう？　さらにその次の図では？

やってみよう

　上と同じ図を描きましょう。1段目、2段目、3段目とつづけます。

　4段目には正方形が7つ入りますね。すると全部で9＋7＝16個の正方形ができます。こんなふうに、できる範囲で描きつづけてみてください。それぞれの段の右側に、正方形の数を書いておきましょう。

　1、4、9、16、25、36、……といった数字を見てみて。これらの数に、何かパターンは見つけられますか？

やってみよう

正方形のかわりに、3辺が同じ長さの正三角形を描いてみるのもよいでしょう。最初に正三角形を1つ描きましょう。次の段に、正三角形を3つ描き足します。すると正三角形は全部で4つできますね。次の段に正三角形を5つ加えると、全部で9つ。こんなふうに正三角形を描きつづけてください。正三角形に、色や模様を塗ってみてもいいでしょう。

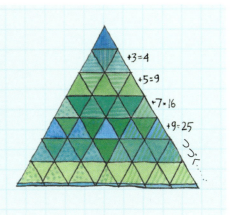

■ マッチ棒で三角形を作ろう

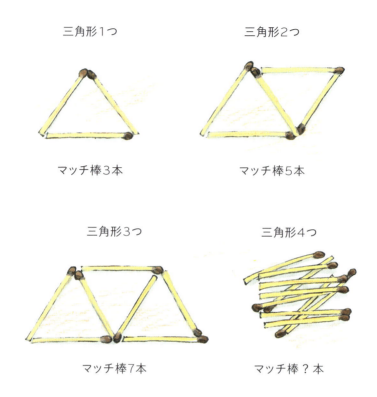

やってみよう

あなたの家にマッチ棒はあまっていませんか？ それで三角形を作ってみましょう。

三角形を1つ作るには、マッチ棒が3本必要です。2つ作るには5本、3つ作るには7本必要です。さらに三角形を作りつづけてください。

三角形を4つ作るのに、マッチ棒は何本必要ですか？ 5つ作るにはどうでしょう？ 6つでは？ 三角形を10個作るには？ 11個では？

　ここまでは、簡単だったんじゃありませんか？　でも三角形を29個作るとなると、どうでしょう？　マッチ棒は何本必要ですか？　三角形85個では？　100個では？
　これらの答えを知るには、こんな表をつくるとよいでしょう。

```
三角形  マッチ棒
  1       3      = 1+2
  2       5      = 1+4 = 1+2×2
  3       7      = 1+6 = 1+3×2
  4       9      = 1+8 = 1+4×2
```

三角形の数とマッチ棒の数との間に、どのようなパターンがありますか？

→ 答え p.114

模様を作る

　パッチワーク・キルトを縫う時、またはお風呂の床にタイルを敷く時、チェック模様に色をつける時、わたしたちは幾何学模様を描いていると言えます。

　わたしたち人類は、大昔からタイルを敷きつめたり、布の切れ端を縫いあわせて、きれいな模様を作ったりしてきました。わたしたちは、立派な芸術家なんです。

パッチワーク・キルト
写真　ボー・アッペルトフト

　こういった模様では同じ形がくり返し、一定のルールに従って出てきます。多種多様な列、線、三角形、星、円が、数学の力を借りて、規則的に並びます。

　このような模様は自然界にも見られます。クモの巣、ハチの巣、亀の甲羅、キリンの肌、乾いた粘土に入ったヒビなど。どれも表面が規則的な模様で覆われているのがわかります。

ほんの少しまわりを見渡してみれば、そういう模様がいっぱいあることに気づくでしょう。友だちと学校のまわりを散歩してみましょう。紙とえんぴつをもっていき、途中で見つけた模様をスケッチしましょう。写真を撮ってみるのもよいでしょう。

石畳やマンホールのふた、レンガ造りの家やフェンスは、どんなふうに見えますか？

あなたの家はどうでしょう？　壁紙や床、じゅうたん、カーテン、クッションはどんな模様ですか？

さまざまな模様を比較して、特徴を挙げてください。模様は、規則的にくり返し出てきますか？　三角形や正方形、長方形や、ほかの多角形はありますか？

■ モザイクを作る

　モザイクは、平面に幾何学模様を敷きつめて作ります。図形の間にすき間が空かないように、また図形同士、重ならないようにします。

　ここで正三角形や正方形、正五角形、正六角形、正八角形、正十二角形をそれぞれどう並べれば、すき間なくモザイク状に並べられるか、考えてみることにしましょう。

　中にはほかの多角形よりも並べやすいものもあります。正三角形を並べても、すき間ができません。正方形や正六角形も、そうです。

　ところが正八角形だと、正方形のすき間ができてしまいます。正五角形や正十二角形をそれぞれ並べていった場合も、またちがった形のすき間ができます。

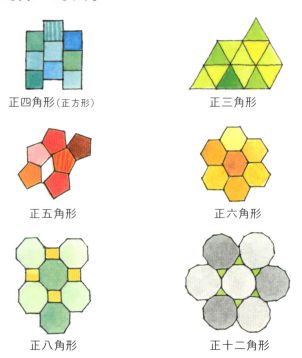

正四角形（正方形）　　　正三角形

正五角形　　　正六角形

正八角形　　　正十二角形

やってみよう

用意するもの　色紙、ボール紙、えんぴつ、はさみ、のり

ボール紙に正三角形や正方形、正五角形、正六角形、正八角形などの多角形を描（か）き、切りぬきましょう。これを型紙として色紙の上に置き、さまざまな色、さまざまな形の多角形を作ります。

さあ、準備ができたら並べてみましょう。まずは決まった形だけを並べてみます。たとえば、

▶ 図形をとなり合わせに並べる
▶ 頂点と頂点をくっつけて並べる
▶ 図形と図形を一定の距離（きょり）をとって並べる

すき間はできましたか？それともあなたの「作品」は、モザイク状に並べられましたか？

どの多角形だと、並べた時にすき間ができますか？

記念にとっておきたいものは画用紙に貼（は）りつけるとよいでしょう。

あまり数学っぽくないな。

ナウム・ガボ

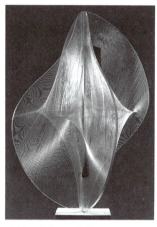

ナウム・ガボというのは、芸術家の名前です。1890年にロシアで生まれましたが、アメリカに移住し、1977年に亡くなるまで、そこに住みつづけました。ガボは穴に通した糸やワイヤーを張りめぐらせることで、美しい曲線や模様による彫刻を作りました。これは秩序の上に組み立てられた芸術と言ってもよいでしょう。

彫刻　ナウム・ガボ
写真　スウェーデン国立美術館

　紙に2本の直線を書き、1センチごとに目盛りをつけることで、簡単にこの彫刻と同じような曲線や形を作ることができるのです！やってみましょう。

　まず、2本の平行な直線を引きます。どこまでも、延々と引きつづけることができますね。この線はどんなに長く伸びても、交差することはありません。それぞれの線に、0から10まで、1センチ刻みで目盛りをつけます。足すと10になる2つの数字を、直線で結びます。

　数字と数字を結ぶこれらの線は、すべて1つの点で交わります。

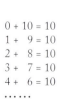
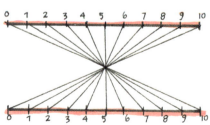

では、平行ではない2本の直線を引き、2つの数字をつなげたら、どうなるでしょう?

今度は足して13になる2つの数字をつないでみましょう。

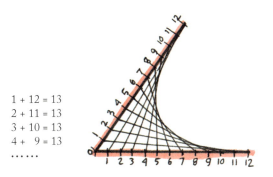

1 + 12 = 13
2 + 11 = 13
3 + 10 = 13
4 + 9 = 13
……

きれいなカーブができたように見えますよね！ 引いた線は、実際はどれもまっすぐなのに。

やってみよう

直線を2本、引きましょう。定規を使って、1センチごとに目盛りを入れ、数字を書き入れます。たとえば足すと8になる、2つの数字をつないでみましょう。

さらに三角形や四角形を描いて、数字と数字を直線で結ぶ方法を調べてもよいでしょう。

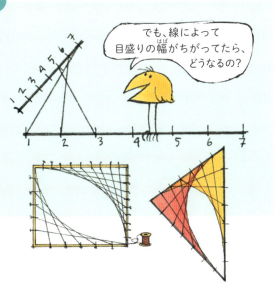

でも、線によって目盛りの幅がちがってたら、どうなるの？

円で模様を描く

コンパスを使えば、あっという間に円が描けます。円とは完全な丸のこと。なので中心から円周までの長さは、どこも同じです。この距離のことを半径といいます（半径の2倍が直径です）。

やってみよう

コンパスで円を描いてみましょう。コンパスの1本の脚からもう1本の脚までの距離が、半径です。脚の開き具合はそのままに、円周上に点をつけていきましょう。全部で6つ、点をつけられましたか？

円と 6 つの点のことはこれぐらいにして、ほかの図形もいろいろ作ってみましょう。下の例みたいに！

大きな円を描こう

空き地で 2 本の枝と 1 本のひもを使って、円を描いてみましょう。

▶ ひもの両端に、枝を 1 本ずつくくりつけます。
▶ 2 本のうち 1 本を、地面にしっかり挿します。
ひもをできるだけぴんと張るように手で押さえながら、もう一方の枝を、コンパスみたいに回して、円を描きましょう。
▶ この時のひもの長さが、この円の半径です。長いひもと短いひもの両方を使えば、さまざまな大きさの円を、いくらでも描くことができます。
友だちの力を借りれば、大きな円を描けるでしょう。校庭にどれぐらい大きな円を描けるか、実験してみましょう。

アスファルトの場合は、缶の周りにひもを（ひもがからまらない程度に）ゆるく巻いて結びます。ひもの先に結んだチョークで円を描きましょう。

ピタゴラス ── 数学界の伝説(レジェンド)の人物

　ピタゴラスはギリシャの有名な数学者です。2500年前に生きた彼(かれ)は、ある意味伝説と言える人物でした。彼にまつわる、ヘンテコな逸話(いつわ)がたくさん残されているのです。たとえば、ある時、ピタゴラスは毒(どく)ヘビとたたかい、かみついて殺してしまいました！　彼はまた100年以上生き、複数の場所で、同時にあらわれたと言われています！

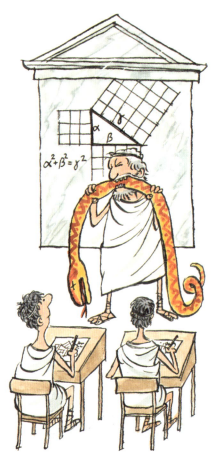

それらの逸話がほんとうかどうかはわかりませんが、たしかなこともあります。彼がギリシャの島、サモスで育ち、さまざまな国で物理学と数学を研究したことです。一度はサモスに戻ったものの、サモスの領主と対立したため、土地をはなれざるをえなくなり、最後に南イタリアに落ち着きました。そこで若者むけの学校を開いたようです。また若者に宗教や音楽、数学などを教え、ピタゴラス教団を立ち上げました。

　ピタゴラスは自分をふくめた数学者のことを、「マシマティキ」と呼びました。マシマティキとは長年学びつづけたことで、さまざまなことができるようになった人たちでした。この言葉は、数学者と訳すこともできます。ただしこの時代、数学者＝科学者でした。

　でもピタゴラスと聞いて、だれもが思い浮かべるのは、何といっても**ピタゴラスの定理**（三平方の定理）でしょう。

やってみよう

友だち2人に手伝ってもらって、3メートル、4メートル、5メートルのひもをそれぞれ1本ずつ用意しましょう。広いスペースが必要なら、空き地に行くとよいでしょう。みんなで下のイラストのようにひもをもって、三角形を作ります。ひもはぴんとさせてくださいね！
　3メートルと4メートルのひもを持っている子のところの角度は、何度でしょう？

ピタゴラスの定理は、直角三角形の性質を表す式です。あなたと友だちがさっきひもを張って作った三角形も、直角三角形です。直角三角形の3辺には、特別な関係があります。

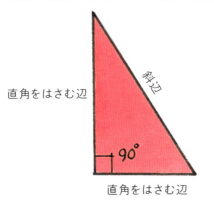

直角をはさむ短い2辺を、直角をはさむ辺と呼ぶことにしましょう。3本目の辺――一番長い辺――は、斜辺(しゃへん)と呼びます。これらの辺と辺の関係は、次のページのようになります。

やってみよう

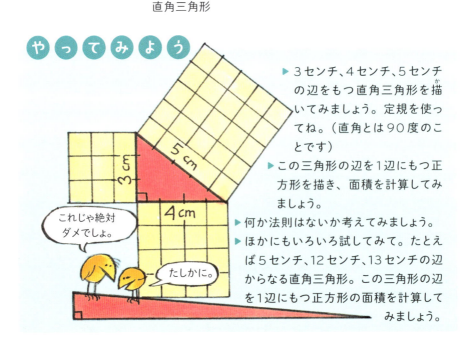

▶ 3センチ、4センチ、5センチの辺をもつ直角三角形を描(か)いてみましょう。定規を使ってね。(直角とは90度のことです)
▶ この三角形の辺を1辺にもつ正方形を描き、面積を計算してみましょう。
▶ 何か法則はないか考えてみましょう。
▶ ほかにもいろいろ試してみて。たとえば5センチ、12センチ、13センチの辺からなる直角三角形。この三角形の辺を1辺にもつ正方形の面積を計算してみましょう。

→ 答え p.114

直角をはさむ辺の1辺の長さを2度かけ合わせた数に、もう一方の直角をはさむ辺の長さを2度かけ合わせた数を足した数と、斜辺の長さを2度かけ合わせた数は、同じ。

　つまり、3×3＋4×4＝5×5で、9＋16＝25。

　あなたがさっき正方形の面積を計算する時に出した答えと、まったく同じですね！

　でも数学者は、同じ数を何度も書くのは退屈だと考えました。なので、3×3と書くかわりに、3^2と書いたのです。また4×4と書くかわりに、4^2と、5×5と書くかわりに、5^2と書きました。これは「3の2乗」、「4の2乗」、「5の2乗」と読みます。さっきの式は、

　　$3^2 + 4^2 = 5^2$と表すことができます。

（3×3＝3^2と書くようになったことで、3×3×3を3^3と、3×3×3×3＝3^4などと、簡単に書けるようになりました。）

ピタゴラスの定理をまとめてみましょう。直角三角形の3辺は、特別な関係にあります。それぞれの辺をa、b、cと呼ぶことにします。

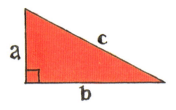

3辺の特別な関係を、数学の記号を使って表すと(これを公式という)、こうなります。

この定理はピタゴラスが生きていたころよりもさらに1000年以上前に、すでに考えられていました。それなのになぜこの公式にピタゴラスの名前がつけられているかは、はっきりとはわかっていません。この時代に特にこの公式が頻繁に用いられるようになったということなのでしょうか? ピタゴラスは少なくとも1つ、証明の仕方を見つけたかもしれませんが、ほかに証明は数百通りもあるというのに!

さあ、あなたもピタゴラスの定理を証明しましょう。

1　まず、パズルのピースを5つ作ります。紙を用意して、同じ大きさ、形の直角三角形を4枚切りぬきます。このとき、直角をはさむ2つの辺を、a、bとし、斜辺をcとします。そして、定規でaの長さとbの長さを測って、1辺の長さが（b−a）の正方形を紙に描いて1枚切りぬきます。

この5つのピースを、右の**図−1**のように並べると、1辺がcの長さの正方形ができます。この正方形の面積は、c×c＝c^2ですね。つまり、5つのピースを合わせた面積は、c^2ということです。

次に、ピースを**図−2**のように並べかえてみましょう。右側の大きな正方形に左側の小さな正方形がくっついた形になっているのがわかりますか？　右側の正方形は、1辺がb、面積はb^2です。左側の四角は、1辺がa、面積はa^2ですから、合わせると、a^2+b^2。使ったピースは、さっきの1辺がcの正方形と同じですから、面積は同じ。つまり、$a^2+b^2=c^2$です！

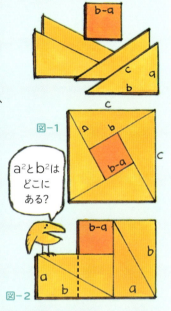

a^2とb^2はどこにある？

2　次は、さっき使った直角三角形の4つのピースと、新しい3つの正方形のピースを使いましょう。それぞれ、1辺がa、b、cの正方形を紙で切りぬいてください。そして、別の紙に、1辺が（a＋b）の長さの正方形の「わく」を描いてください。

▶まず、三角形4つと、1辺がaの正方形とbの正方形の、合わせて6つのピースを使って、「わく」にぴったりはまるように並べましょう。

▶次に、三角形4つと、1辺がcの正方形を使って、「わく」にぴったりはめてみましょう。

これがなぜ$a^2+b^2=c^2$の証明になるのでしょう。

→ 答え p.114

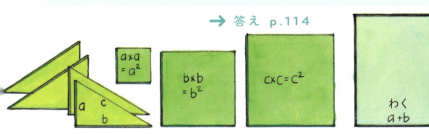

1から20まで、ヘカトン

2人でやる、数学を使った古い遊びがあります。1人がまず、1か2の数字を言います。次にもう1人が、その数に1または2を足した数を言います。そうして同じようにつづけ、先に20と言った方が勝ちです。

- たとえば最初に友だちが2と言ったとします。
- その数字にあなたが2を足そう、と決めたとします。この時、あなたは4と言います。
- 友だちは1を足すことにしました。そうして友だちは5と言います。
- あなたは1を足すことにし、6と言います。
- 友だちは2を足すことにし、8と言いました。
- こういうふうに順番に言い合います。先に20と言った方が勝ちです。

確実に勝つために使えそうな作戦はありますか？ 鍵となる数字がいくつかあります。勝つために、あなたが最後から2番目に口にすべき数は何でしょう？

→ 答え p.115

■ ヘカトン

　左と同じやり方で、どちらが先に100と言うかを競う遊びを「ヘカトン」と言います。
- ▶ 友だちが先に、1から10までの数を1つ言います。
- ▶ 今度はそれにあなたが、10までの数を1つ足します。
- ▶ 次に友だちが、10までの数を1つ足します。
- ▶ 次はあなたが、10までの数を1つ足す番です。
- ▶ こんなふうに、順番に足していきます。先に100と言った方が勝ちです。

　鍵となる数は、どれでしょう？　あなたが勝つためには、最後から2番目に、どの数字を言えばよいのでしょうか？　考えてみてください。

→ 答え p.115

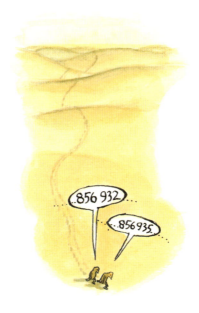

身のまわりにいっぱいある対称

　古代から、数学者や物理学者が注目してきたものに、**線対称**という考え方があります。線対称のものは、この世界のいたるところにあります。あなたも道を歩けば、すぐに出会うはずです。

　線対称とは、あわせ鏡のようになっている2つのものを指します。たとえば、りんご。真ん中で2つに切ったら、どうなるかわかりますよね？　では、斜めに切ったらどうなるでしょう？

　身のまわりにあるものの大半は、線対称です。たとえば飛行機や車。犬やネコ、人。木、葉っぱ、花。

　線対称を発見したのは、数学者ではないと言われていますが、数学者たちは線対称という言葉をよく使います。たとえばこんなふうに。

　「あるものを鏡に映して見える像が元と同じなのは、それが線対称だからです」

　人間の体は、ほかの大半の動物と同じで、対称軸をもちます。対称軸とは、あるものを2つに分ける時の切り口を思い浮かべる時に、頭の中で引く線です。切った半分は、もとの半分とあわせ鏡に映したように、そっくりです。人間と同じように、魚も昆虫もクモも鳥も亀も、線対称です。

やってみよう

紙の右半分に、絵の具で模様を描きましょう。たとえば、チョウの右半身を描いてみましょう。紙を真ん中で折ります。この紙の右半分と左半分は、線対称です。絵の具が乾かないうちに、真っ白な左半分に、右半分の絵を押しつけましょう。すると左半分に、線対称のチョウの左半分がうつります。

アルファベットをAからすべて書き、色を塗りましょう。どのアルファベットが完全に線対称でしょう？ 対称でないのは、どの文字ですか？

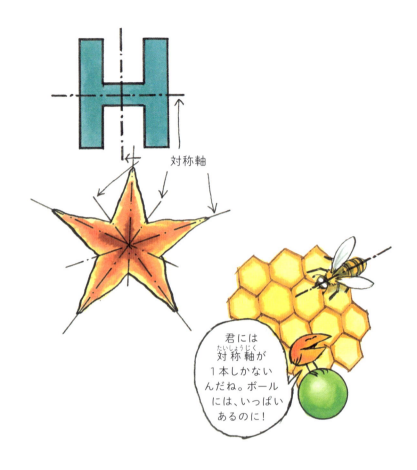

中にはアルファベットのHのように、対称軸が2本あるものも。

　線対称のほかに、物体を1回転まではいかない程度に回した時、その物体が回す前と同じように見える、という場合もあります。これをここでは、**回転対称**と呼ぶことにしましょう。
　たとえば、5本足のヒトデ。ヒトデには対称軸が5本あって、1回転の5分の1だけ回転させると、回す前と同じように見えます。足の位置は変わっていますが、全体の見え方は同じです。

下の図のように、点を一定方向に一定距離動かすことを**平行移動**、対称軸で折り返すのを**対称移動**、1つの点の周りを一定の角度、回すのを**回転移動**と言います。

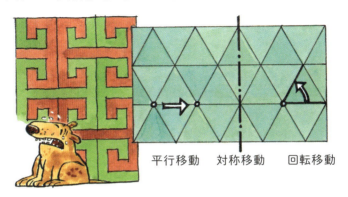

平行移動　　対称移動　　回転移動

やってみよう

　友だちをさそって、線対称なものを探してみましょう。外でも家でも、どちらでもかまいません。どんな形と模様が見つかりましたか？　見つけた形や模様をスケッチできるよう、紙とえんぴつをもっていきます。見つけたら、対称軸を引いてみましょう。次はちょっと難しくして、回転対称だけを見つけてみましょう。

対称軸は常に5本なのかな。

フラクタル ── 役に立つ発明

マンデルブロ集合と呼ばれるフラクタル。数学の公式をコンピュータで何度も何度も計算する時、描き出されるものです。
写真　スティン・ヤンシン

　木、雲、山、雷、サンゴ礁、星。自然界に存在するさまざまな形を、どうすればうまく言葉で言い表せるでしょう？

　一般的なのは、線、円、三角形などの用語を使うやり方です。わたしたちは海と陸の境界を、海岸「線」と呼びます。「海は円のように丸く、山は三角形みたいにとがっている」などと言うこともあります。

　人間は、円や四角形、三角形、立方体といった形を、家を建てたり橋を作ったりといった実際的な作業をするのに、何千年もの間、用いてきました。また、自然を描く時にも、同じ形を用いることができます。

　こういう図形の性質を扱う研究分野を、**幾何学**と呼びます。

右の木の絵を見てください！
卵の形に似ていますよね。でも、枝や葉っぱを１つ１つ、近くで見てみると、その表現はあまり適切でないことに気づくでしょう。自然界のものの大半は、幾何学に見られる直線や円とはちがって、角があり枝分かれしています。

数学者は、分裂したどんな小さな部分も相似になっている形のことを、**フラクタル**と呼びます（分裂を意味するラテン語FRACTUSから来ている言葉です）。

フラクタルの特徴は、その名の通り、分裂しているところ。それに細かい部分を見ていくと、同じ模様が何度もくり返されているところです。フラクタルは、再帰図形とよく言われます。再帰図形は、線対称な図形の一種です。分裂した図形の一部を拡大すると、フラクタル全体と同じように見えます。ブロッコリーの房みたいに！　ほら、ブロッコリーの房の１つ１つを拡大すると、ブロッコリーの房全体と同じような形をしているでしょ？

フラクタルをコンピュータに描かせることもできます。たとえば44ページの写真にある、マンデルブロ集合もそうです。マンデルブロ集合という名前は、1980年にこれを発見した、ブノワ・マンデルブロにちなんでつけられました。コンピュータで何度も何度も数式を解くと、このような絵があらわれます。コンピュータはすごいですね。でもおどろくなかれ。あなたは自分の手で、フラクタルを描くこともできるのです!

■ フラクタルを描く

数学は、空想、遊び、思いつき——時にはちょっとおかしなアイディアに結びつくこともあります。

今からおよそ150年前、デンマークの商人の家に生まれ、ドイツで学び、そこで教授となった数学者、ゲオルク・カントルは、右上の図のような、途中で何か所も辺が途切れた図形について研究しました。こんなふうに辺を細かく切るなんて、ちょっとヘンに思えるかもしれませんね! でも、カントル集合と呼ばれるこの図形は、フラクタルという考え方の基礎になるのです。

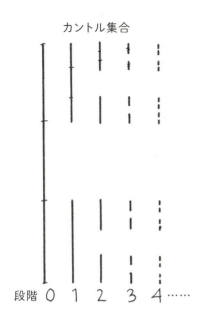

カントルはまず、線からはじめました。1本の線を等しい長さで3つに分けたのです。これを等分といいます。それから3つの線の真ん中部分を取り除きました。この時、線は2本残りますよね。

2段階目では、これらの線を、カントルはさらに3等分し、真ん中の線をまた取り除きました。この時4本の線が残ります。3段階目では、これらの線を、またそれぞれ3等分します。それら4本の線の真ん中の部分を、それぞれ取り除きます。このようにつづけていきます。

つづきを描いてみましょう。必要なのは紙とえんぴつと定規、それに十分な忍耐力です。4段階目、5段階目、6段階目で、残った線の数はそれぞれ何本になりますか？

線は細かく切り刻まれ、最終的には数え切れないほど、たくさんの点になる、とカントルは考えました。このような点が集まってできた図形がフラクタルなのです。

20世紀の初頭に、あるスウェーデンの数学者が別の有名なフラクタルをつくりました。彼の名は、ヘルゲ・フォン・コッホ。彼がつくったフラクタルは、その名にちなみ、**コッホ曲線**と呼ばれています。

まず、2点セ、バを線で結びます。そしてその線を3等分しましょう。その後、真ん中の線を取り除き、空いた部分に正三角形を作ります（正三角形の3辺の長さは同じです）。この時、同じ長さの辺を4つもつ図形ができあがります。

この図形のすべての辺に対し、同じことをしましょう。つまり、

▶ すべての辺を3つに分け
▶ 真ん中の線を消し
▶ 空いた部分を、正三角形にするのです。

新しく引いた線にも、すべて同じことをします。その後も同じ作業をくり返します。すると図形はだんだん、分裂していきます。

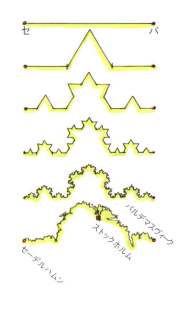

ヘルゲ・フォン・コッホは、線というのは限りなくたくさんの点に分けられると考えました。こうしてそれぞれの点のところで折れ曲がった、無限に長い曲線——フラクタルができるのです。コッホ曲線を使えば、たとえばスウェーデンのセーデルハムンとバルデマスヴィークという2つの町の間の海岸線を、1つの数学的モデルとして表現することができます。コッホ曲線は海岸線だけでなく、山脈やサンゴ礁の輪郭も表すことができます。

緻密であればあるほど、長くなる

　セーデルハムンからバルデマスヴィークまでの海岸線の長さは、一体どれぐらいでしょう？

　長さを測るには、地図を調べるという方法が考えられます。地図の上のセーデルハムンからバルデマスヴィークまで、海岸線沿いにひもを伸ばし、長さを測りましょう。地図についている目盛りを使って、海岸線の長さを計算してみるのです。

　もう1つの方法は、折りたたみ式の定規をもって、海岸沿いを歩くことです（この方法を思いついた人はかわいそう！）。岬や入り江を1つ1つ測っていきます。海岸のでこぼこも、すべて測ります。すると海岸線の長さは、地図を測って計算して出したのよりずっと長くなるでしょう。

　人間でなくてアリが測るなら、砂の一粒一粒、細かいでこぼこまでも、長さに加えようとすることでしょう。すると海岸線は、とてつもない長さになります。

　正確に測れば測るほど、長くなるのです。測る道具によっても、変わってきます。

　コッホ曲線の長さを求めてみましょう。

やってみよう

紙とえんぴつと定規を用意しましょう。

まず、1辺9センチの正三角形を描いてみてください。

手順1 三角形の辺をそれぞれ3等分します。3等分したうち、真ん中の部分を1辺とする正三角形ができるよう、2辺を足し、真ん中の辺を取り除きましょう。

手順2 1をくり返します。それぞれの辺を3等分しましょう。正三角形の2辺を足し、真ん中の辺を取り除きます。

手順3、…… やりたいだけ、何度もくり返しましょう。

これはコッホ曲線を変形させたフラクタルをつくる第1歩なのです。どんなフラクタルができましたか？

手順1の後、辺の数は何本になるでしょうか？ 手順2と3の後は？ 手順10の後、図形には何本辺があるでしょう？ 手順nの後は？（nとは数のかわりの文字です。nはどんな数字でも置き換えられます） 表を作り、電卓を使いましょう。

次に、図形の周りの長さを計算してみましょう。まず1辺の長さが9センチの三角形からはじめてみて。手順1の後、図形の周りの長さは何センチになりますか？

→ 答え p.115

51

指から数字へ

　わたしたちの祖先は百万年もの間、大陸を渡り、狩りをして暮らしてきました。この狩りにも、実は計算が使われていました。矢の先につける石の矢じりの数や、しとめたシカの毛皮の枚数を数える必要があったのです。1つ、2つ、3つ……。はじめ祖先たちは指を折って、数えました。

　こうして数という概念が少しずつ発達していきました。やがて動物の骨や木に1、2、3……と線を刻むようになりました。こうした線を5本、または10本でひとかたまりとして数えるようになったのは、かつて手の指を使って数えていたころのなごりと言われています。

　1937年、当時のチェコスロバキアで、55本の線がはっきりと刻まれた、3万年前のオオカミの骨が発見されました。それらの線は、25本と30本の2つのかたまりに分かれていました。そして両方のかたまりが5本ずつのかたまりに分かれていました。

　ものを売り買いするようになると、数を使う必要性はさらに増します。たとえばだれかが毛皮を100枚買った時、100本の線を引くのは大変すぎますね。こうして数字を使った表現の仕方が、じょじょに編み出されていきました。

　友だちとあなたでそれぞれサイコロを50回投げて、どちらが多く6の目を出せるか、競争してみましょう。左のオオカミの骨みたいに、結果を線で表しましょう。

名前	投げた回数	6の目が出た回数
	𝍤𝍤 𝍤𝍤 𝍤𝍤 𝍤𝍤 𝍤𝍤 𝍤	𝍠
	𝍤𝍤 𝍤𝍤 𝍤𝍤 𝍤𝍤 𝍤𝍤 𝍤𝍤 𝍠	𝍤𝍤 𝍤𝍤 𝍤𝍤 𝍢𝍢

　サイコロを1回投げるごとに、表の「投げた回数」のところに、縦線を1本入れます。6の目が出たら、「6の目が出た回数」のところに縦線を1本入れましょう。線が4本になったら、次は横線を1本入れます。あなたは6の目を、何回出せましたか？　友だちはどうでしょう？

　世界ではさまざまな民族が、さまざまな数字を使ってきました。それらの記号は見てわかる通り、どれも手足の指と関係があります。

　グアテマラの原生林に暮らしたマヤ人は、計算が得意だったにちがいありません。2000年も昔なのに、数字のかわりとなる20種類もの記号や、さまざまな種類の点や線を使っていたのですから。

下の図は、マヤ文明の数字です。マヤでは点を5つ並べるかわりに、片方の手を表す線を1本（＝5）引きました。また2本の手を表す2本の線を引いたり（5＋5＝10）、2本の手と1本の足を表す3本の線を引いたりしました（5＋5＋5＝15）。一番右下にある20番目の数字 ◯ は、わたしたちが今使っている数字の0に当たるもので、太陽の形をしています。マヤ人にとって太陽は神であり、それゆえこれは神聖な数字でした。

・	1	・・	2	・・・	3	・・・・	4	―	5
・ / ―	6	・・ / ―	7	・・・ / ―	8	・・・・ / ―	9	＝	10
・ / ＝	11	・・ / ＝	12	・・・ / ＝	13	・・・・ / ＝	14	≡	15
・ / ≡	16	・・ / ≡	17	・・・ / ≡	18	・・・・ / ≡	19	◯	20

　ユーフラテス川とチグリス川の間、ペルシア湾沿いの土地に——メソポタミアに——最初の文字が生まれました。メソポタミアが『文明が生まれた土地』と呼ばれるのは、そのためです。今、わたしたちにとって当たり前のことはすべて——商いも輸送も科学も芸術も政治も戦争も貧富も——およそ5000年前、ここではじまったのです。

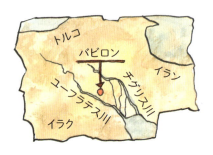

2つの川の間で最初に栄えた民族は、シュメール人です。シュメール人は9までの数は両手の指を使って数えましたが、両手の指（＝10本）では足りなくなると、粘土板に一種のくさびで文字を刻みました。そのため、この文字は、**くさび形文字**と呼ばれているのです。

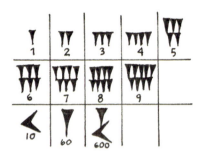

くさび形文字

　くさび形文字では、数字の60は1と同じ記号で書き表されます。
　同じく60×60＝3600も、60×60×60＝216000、……も同じくさびの形▼だけで表現されました。
　そしてこの2つの文字（▼と◀）だけで、60までの数をすべて書きました。これは現代のわたしたちの秒と分の数え方に、なごりとして残っています。ほら、1分は60秒、1時間は60分でしょ？

当時の人々は1つのくさびがどれだけの値を表すか、どうやって知ることができたのでしょう？　どの位置（位）に、どのように置かれるかで、表す値が変わってきます。たとえば、こんなふうに。

　上の66を表すくさび形文字で、左側のくさびは60であるのに対し、右側のくさびは1です。

　それでは313という数字はどう書くでしょう？　わたしたちが使っている数字と比べてみましょう。

　313には、3という数字が2つ出てきますよね？　左側の3は300の値を表す一方、右側の3は3の値しか表しません。ここでも数字はどこに置かれるかで表す値は変わってきます。このような数字の書き方を、**位取り記数法**といいます。

やってみよう

上の図を参考に、くさび形文字で数字を書いてみましょう。
たとえば、25、43、92、133、3652は、くさび形文字ではどんなふうに書き表せるでしょうか？

→ 答え p.116

わたしたちが使っている数字は、どこから来たのでしょう？ この数字はアラビア数字と呼ばれ、発祥の地は、実はインドです。インド数字がじょじょに変化していき、できたのがアラビア数字なのです。

インド数字

わたしたちは0から9までの10種類の数を組み合わせ並べることで数字を表します（10というのは、指の数と同じですね）。すべての数字に単純ではっきりとした記号があるのなら、読みまちがうリスクも減るはずです。（メソポタミアの人々は自分たちの数字を、しょっちゅう読みまちがえたようです！）インド数字には0という特別な数があったおかげで、計算が簡単になりました。

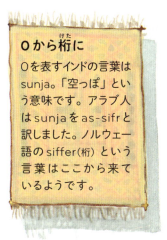

0から桁に
0を表すインドの言葉はsunja。「空っぽ」という意味です。アラブ人はsunjaをas-sifrと訳しました。ノルウェー語のsiffer(桁)という言葉はここから来ているようです。

アラビア数字がヨーロッパで使われるようになったのは、15世紀に入ってからでした。それ以前は、ローマ数字が使われていたのです。ローマ数字では、数字をこのように表します。

Ⅰ＝1、Ⅴ＝5、Ⅹ＝10、Ⅼ＝50、Ｃ＝100
Ｄ＝500、Ｍ＝1000

ほかの数はこれらの「数字」を、もっと正しく言うなら「文字」を組みあわせて表現します。数字の7はⅦ、308はCCCⅧと書きます。ルールは2つです。

▶ 大きな数字の左側にある数字を、その大きな数字から引きます。4はⅠⅠⅠⅠではなくⅣと、14はⅩⅣと書きます。

▶ 大きな数字の右側にある数字を、その大きな数字に足します。8はⅧと、65はⅬⅩⅤと書きます。

数の書き方としては便利じゃないし、計算も難しい。ローマ数字で書いた2つの数字を試しに足してみたら、わかるはずです！
たとえば、3000＋1999＝4999。これをローマ数字で書き表してみると、こうなります！
MMM ＋ MCMXCIX ＝ MMMMCMXCIX

　たとえば24、89、136、773などの数字を、ローマ数字で書いてみましょう。自分が今何歳か、西暦何年に生まれたかも。

→ 答え p.116

思考を読む

数学者は遊ぶのが大好き。マジックのような数字遊びで、友だちや家族を感動させられます。

たとえば友だちに数字を1つ思い浮かべてもらいましょう。思い浮かべた数字は口に出さずに、秘密にしてもらいます。

その数字に5をかけるように言いましょう。どの数字を思い浮かべたかは、まだ言わないように伝えてから、さらにつづけます。

さっきの数字に6を足し、4をかけ、4を引き、最後に5をかけてもらいます。

そこで答えは何になったか、聞いてみましょう。これであなたはものの数秒で、友だちが何の数字を思い浮かべたか、当てることができるのです！

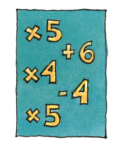

こんなふうにするのです。
友だちが数字の13を選んだとします。

これに友だちは5をかけ、	$13 \times 5 = 65$
さらにそれに6を足し、	$65 + 6 = 71$
4をかけ、	$71 \times 4 = 284$
4を引き、	$284 - 4 = 280$
最後に5をかけます。	$280 \times 5 = 1,400$

あなたが「どんな数字になった？」とたずねると、友だちは「1,400」と答えました。

あなたは黙ってその数字から0を2つとって（つまり、100で割るってこと）1を引きます。そこであなたは友だちに、「思い浮かべた数字は13でしょ？」と聞きます。

友だちはどんな数字でも選べます。そしてあなたも上のルールに従いさえすれば、友だちがどの数字を選んだか言いあてることができます。

さあ、今こそ本格的に試す時です。だれかに「1から20の数を選んでみて」と言ってみましょう。選ぶ数字の範囲を決めれば、計算がややこしくなりません。うまく相手の思考が読めますように！

数学的な説明

上のマジックを数学的に説明できます。友だちが思い浮かべた数字を n と呼ぶとしましょう。ルールに従って考えると、以下のようになります。

▶ n（秘密の数字）
▶ これに5をかけ　　　　$n \times 5 = 5n$
▶ さらにそれに6を足し　$5n + 6$
▶ 4をかけ　　　　　　　$(5n + 6) \times 4 = 20n + 24$
▶ 4を引き　　　　　　　$20n + 24 - 4 = 20n + 20$
▶ 最後に5をかけます。　$(20n + 20) \times 5 = 100n + 100$

友だちがあなたに告げた数は、$100n + 100$ です。これは $100 \times (n + 1)$ と表すこともできます。あなたはただそれを100で割ればいいんです。

そしてそこから1を引くと、n が何の数字かわかります。

エラトステネスのふるい

この…っていうのは、数を永遠に書きつづけられる、って意味さ。

1, 2, 3, 4, 5, 6, 7, 8, 9, 10, 11, 12, 13 …

整　数

　数は人間が発明したものです。数には決まった特徴があります。たとえば、

▶ 数を1から並べていくと、1つおきに偶数が出てきます。2、4、6、8、10、12、14、……
▶ 奇数も1つおきに出てきます。1、3、5、7、9、11、13、15、……
▶ 2をかけると、答えは必ず偶数になります。

　数学者は数に興味津々。数のパターンや規則性について研究しました。まずは小さい数から調べ、数が大きくなっていっても同じパターンがつづくかを調べました。

　中には変わった数もありました。たとえば2、3、5、7、11、13、……。これらの数は**素数**と呼ばれています。素数とは、それより小さな数（1は除く）で割りきれない数のこと。素数を割りきれるのは、その素数自身と1だけです。

素数は分けられやしない！

6で試してみましょう。6は素数ですか？ いいえ、6 = 2 × 3でしょ？ つまり6より小さい数で割りきれるので素数ではありません。

5は素数です。5より小さい数で割りきれません。5はそれ自身と1でしか割りきれないのです。だって、5 = 1 × 5でしょ？

素数は無限にあります。人間はこの素数の存在を、2000年以上前から知っていました。でも素数を見つけるのは、必ずしも簡単ではありません。

■ 素数を探そう

エラトステネスは紀元前200年代の人で、アフリカのキレネで生まれました。彼はエジプトのアレクサンドリアにある有名な図書館で、図書館員をしていました。秀才だった彼は地理や数学、哲学や言語を学びました。

また素数を見つける方法も発見。この方法は、**エラトステネスのふるい**と呼ばれています。

やってみよう

▶ 2から100までの数をすべて順番に書いていきます。たとえば一番上の行に2〜20、2行目に21〜40、3行目に……とつづけていきます。

▶ 最初の素数、2を四角で囲み、その後出てくる数を1つおきに斜線で消していきます。つまり2で割りきれる数を消していくのです。

▶ 斜線で消されない最初の数は3です。3を四角で囲み、3で割りきれるすべての数を斜線で消していきます。

▶ さらにつづけていきます。今、斜線で消されていない最初の数は5ですよね？ 5を四角で囲み、5で割りきれる数をすべて斜線で消します。

▶ その後、斜線で消されていない最初の数は7です。この7を四角で囲み、7で割りきれる数をすべて斜線で消しましょう。

▶ これを100までつづけます。あなたが四角で囲んだのは、100より小さい素数です。これらの素数はいくつありましたか？ これらが素数だと、どうしてわかりましたか？

→ 答え p.117

11と13、29と31、59と61のように、差が2になる連続した素数の組を、双子素数と言います。

双子素数は、ほかにありますか？　探してみましょう。

100以上の素数を、自分で探しつづけることもできますよ。たとえば101から200までのすべての数を紙に書き、そのうち2、3、5、7、11、13で割りきれる数をすべて斜線で消しましょう。電卓を使ってもよいです。素数を四角で囲みましょう。

数が大きくなればなるほど、素数があまり出てこなくなることに、気がつくのではないでしょうか。

> **一番大きな素数**
>
> 170141183460469231731687303715884105727は、39桁の数です。これはコンピュータの時代をむかえる以前に、わかっていた最大の素数でした。今でも数学者はさらに大きな素数を見つけようと、新たなすぐれたコンピュータ・プログラムの開発に取り組んでいます。
>
> 2018年4月までに見つかっている最大の素数は、2324万9425桁です。

答え　p.117

正方形のパズル

　どれも同じ大きさの正方形のパズルは、普通のパズルとはちがっています。だってピースがどれも完全に同じ形なのですから。この正方形のパズルのピースを、全体が長方形になるように並べましょう。ずっと1列に並べつづけるのではなくて、2列以上の長方形を作ってみましょう。

　いろいろな数で試しましょう。

　ピース5つでは、どうでしょう？　ピースを並べて、長方形を作れるでしょうか？　どうしても1つ、ピースがあまってしまうはずです（正方形を5つ、1列に並べるのは、なしです）。

　このように、2列以上の長方形にならない数もあります。

5つ連続で並べるのは、なし。

66

ピース6つで試してみましょう。長方形は作れるでしょうか？
はい、2列に並べれば、できますよ。2×3の長方形ができますよね？
　この時、2×3の長方形と、3×2の長方形を同じものと見なします。
　このように、長方形を作れる場合もあります。

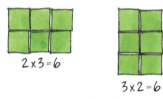

1つの長方形！

　ピース9つではどうでしょう？　長方形にできるでしょうか？
　はい、3列の長方形ができます。3×3の長方形です（実際それは正方形と呼びます。正方形は長方形の一種ですから、正方形でもOKです）。

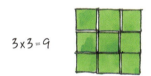

　ピース12個では、どうでしょう？
　これは簡単にできるでしょう。このように、2つの異なる長方形ができることもあります。

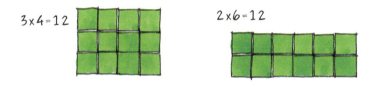

1種類しか長方形を作れないのは、どのような数でしょう？

やってみよう

友だち何人かといっしょにやってみましょう。方眼紙とえんぴつと定規を用意します。方眼紙がなければ、分厚い紙を正方形に切りぬいてもよいでしょう。ピースの大きさはどれぐらいでもかまいません。

▶ 正方形のピースを、50個用意します。

▶ それらを並べて、2列か3列かそれ以上の長方形にしましょう。

▶ 実験してみましょう。まず1ピース、2ピース、3ピース、4ピース、……式を書くか、ピースを並べるかしましょう。

▶ すべての数（=正方形のピースの数）を表にしましょう。50まで表に書き入れます。

$1 = 1 \times 1$
$2 = 1 \times 2$
$3 = 1 \times 3$
$4 = 2 \times 2$
$5 = 1 \times 5$
$6 = 2 \times 3$
$7 = 1 \times 7$

$8 = 2 \times 4$
$9 = 3 \times 3$
$10 = 2 \times 5$
$11 = 1 \times 11$
$12 = 2 \times 6 = 3 \times 4$
$13 = 1 \times 13$
つづく……

この赤い数に見覚えがあるぞ。

14はダメだな。

そんなことないわ、こことここを入れ替えて……

- 2列以上の長方形を1つも作れない数もあります。それはどんな数でしょう？表の数にマーカーを引きましょう。これらの数に何か特徴はありますか？

- 2列以上の長方形を1種類しか作れない数もあります。それはどんな数でしょう？
ただし、2×3と3×2は同じ長方形と見なします。2×4は4×2と同じ長方形と見なします。それ以降も同じようにします。別の色のマーカーで数に印をつけましょう。これらの数に何か特徴はありますか？

- 2つ以上の異なる形の長方形を作れる数もあります。それはどの数でしょう？

- 2×3×5×7＝210 ピースで、長方形はいくつ作れるでしょう？

- 2×2×2×2×2×2×2×2×2×2＝2^{10}＝1024 ピースで、長方形はいくつ作れるでしょう？　また、2^{11}＝2048 ピースで、長方形はいくつ作れるでしょう？

もっと簡単な調べ方があるはずだ！

→ 答え p.117〜118

ゴールドバッハの予想

18世紀にゴールドバッハという数学者がいました。「4以上の偶数はすべて、素数と素数を足した数だ」と彼は言いました。

たとえばこうです。

4 = 2 + 2

12 = 5 + 7

18 = 7 + 11

30 = 13 + 17

76 = 29 + 47

それが正しいと証明できた人は、これまで1人もいませんでした。でも、まちがっていると証明できた人もいませんでした。この予想は、**ゴールドバッハの予想**と呼ばれています。

でも近年、数学者がコンピュータを使って計算することで、4×10^{18}までの数については、その主張が正しいと確認することに成功しました。

4〜100までの偶数をすべて紙に書きましょう。それらの偶数の後に＝と書き、＝の右側に、足してその偶数となる素数を2つ書きましょう。

パターン、パターン……素数に分けて……

2を赤で3を青で囲んだら、何か見えてくるんじゃない。

紙を見ればわかるように、2つの素数を足して1つの偶数を導きだす方法が複数ある場合もあります。たとえば、14という数字は14＝3＋11ですが、14＝7＋7でもあります。

また24＝5＋19ですが、24＝7＋17＝11＋13でもあります。

14の場合は、足して14になる2つの素数の組みあわせのうち、もっとも小さな素数は3、もっとも大きな素数は11です。

2つの素数を足し、偶数をつくる方法は複数あります。下の2つの方法のどちらかを使って等式を並べ、表を作ってみましょう。

▶ 見つかった素数から順に書きましょう。

▶ 足して偶数になる2つの素数の組みあわせで、一番小さい素数と一番大きな素数を書きましょう。

できあがった等式の表には何の法則もないように思えるでしょう。たとえば数字の3を青い丸で囲みましょう。すると3が2回、3回とつづくこともあれば、1回だけしか出てこないこともあるとわかるでしょう。これに規則性はありません。少なくとも今のところ、規則性は発見されていません。**あなたは何かパターンに気づきましたか？**

→ 答え p.119

数学界の王様

1から100まで足すと、いくつになるでしょう？

1+2+3+4+5+6+7+8+9+10+11+……+97+98+99+100=?

これは200年以上前のドイツの数学の先生が、生徒に出した問題です。ある１つの計算法を先生は知っていました。

生徒が静かに計算しているのを見て、先生はこのまま何事もなく時が過ぎるだろうと思っていました。ところが最年少のカール・フリードリヒ・ガウスという生徒が、少しすると先生の方にやって来て、石板を差しだしたのです（この出来事があった18世紀、子どもたちはえんぴつではなくチョークみたいな石筆で、ノートにではなく、粘板岩の板に書いたのです）。

石板には、正しい答えが。

9歳だったカール・フリードリヒ・ガウスには、数字を１つ１つ足していく必要はないと、はっきりわかっていました。でもそれは、だれかから教えてもらったわけではありません。ガウスは合計数を導きだす方法を、自分で発見したのです。

では、どうやったのでしょう？

　もう少し簡単な例を見ていきましょう。1から10まで足すと、いくつになるでしょう？

　まず数を2つずつ足していきましょう。一番はじめの数と一番後の数、前から2番目の数と後ろから2番目の数……というふうに足していきます。

$$1 + 10 = 11$$
$$2 + 9 = 11$$
$$3 + 8 = 11$$
$$4 + 7 = 11$$
$$5 + 6 = 11$$

こうして1〜10までの数をすべて足すと、下のようになります。
$1 + 2 + 3 + 4 + 5 + 6 + 7 + 8 + 9 + 10 = 11 \times 5 = 55$

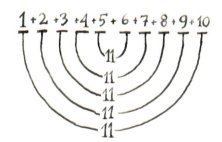

今度は1～12の数を足すと、どうなるか調べましょう。

また2つの数を足していきます。一番はじめの数と一番後の数、前から2番目の数と後ろから2番目の数……というふうに足していきます。

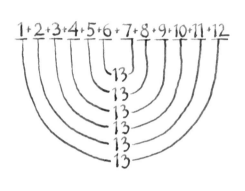

1 + 12 = 13
2 + 11 = 13
3 + 10 = 13
4 + 9 = 13
5 + 8 = 13
6 + 7 = 13

1～12までの数をすべて足すと、

1 + 2 + 3 + 4 + 5 + 6 + 7 + 8 + 9 + 10 + 11 + 12 = 13 × 6 = 78

になります。

こんなふうに計算をつづけていきます。たとえば1～16までの数を合計すると、いくつになるかも計算できるはずです。数をすべて書いて、その中でペアをつくります。それらのペアを足した答えは、どれも同じになるはずです。一番はじめの数と一番後ろの数、前から2番目の数と後ろから2番目の数……と足していきます（合計は136です）。

数をたくさん足さなくてはならない時、こんなふうに計算するのは、とても大変です。そこでカール・フリードリヒ・ガウスは、ある公式を考えました。

1～10までの数の合計の計算式は、11 × 5 = 55です。11は一番はじめの数と一番後の数を足した数（1 + 10）で、5は一番後の

数の半分（10÷2）です。式は

$$(1+10) \times \frac{10}{2} = \frac{(1+10) \times 10}{2} = \frac{11 \times 10}{2} = 11 \times 5 = 55$$

になります。

　このようにして、1〜12の数を足した合計は、13 × 6 = 78というふうに計算できます。式で表すと、こうです。

$$(1+12) \times \frac{12}{2} = \frac{(1+12) \times 12}{2} = \frac{13 \times 12}{2} = 13 \times 6 = 78$$

　13は一番はじめの数と一番後の数を足した数（1 + 12）で、6は一番後の数の半分、つまり、12 ÷ 2です。

　1〜17までの数を足すと、いくつになるでしょう？　今回は、公式を直接使いましょう。数は17、一番はじめの数と一番後の数を足した数（1 + 17）に、一番後の数の半分（17 ÷ 2）をかけます。式はこうなります。

$$(1+17) \times \frac{17}{2} = \frac{(1+17) \times 17}{2} = \frac{18 \times 17}{2} = 9 \times 17 = 153$$

カール・フリードリヒ・ガウス
図版　スウェーデン王立図書館

カール・フリードリヒ・ガウスは、1～100までの数の合計を計算する時、

$$1+2+3+4+5+6+7+8+9+10+11+\cdots\cdots+97+98+99+100$$

という式を用いました。彼は一番はじめの数と、一番後の数を足しました（1 + 100）。次に彼はこの数に、一番後の数を2で割った数（100 ÷ 2）をかけました。つまり、このようになります。

$$(1+100)\times(100 \div 2) = 101 \times 50 = 5050$$

石板に彼が書いた答えも5050でした。

カール・フリードリヒ・ガウスは1777年、ドイツのブラウンシュヴァイクで生まれました。レンガ職人だった父は、息子のガウスが仕事を継ぐことを望んでいました。ところが、学校にたいそう数学ができる生徒がいるといううわさを聞きつけたブラウンシュヴァイクの領主が支援をしてくれることになり、カールはゲッティンゲンの大学に行くことができたのです。

彼は天才でした。数学の難題をいくつも解決し、この時代のもっとも偉大な数学者、人呼んで、『数学界の王様』になったのです。

やってみよう

公式を使って、以下の計算をしましょう。

▶ 1〜20までの数を足すと、いくつになるでしょう?

▶ 1〜50までの数を足すと、いくつになるでしょう?

▶ 1〜209までの数を足すと、いくつになるでしょう?

→ 答え p.119

らせんとウサギ

　自然界には、らせん状のものがたくさんあります。らせんというのはカタツムリ、角、松ぼっくり、パイナップルの皮、ひまわり、ブロッコリーなど、あちこちにある形です。毒ヘビはかみつく時、丸まってらせんの形になります。それに眠る時にも。ヘビはこうやって、体を温めるのだそうです。

宇宙にも、らせんの形をしたものがあります。それは銀河です。銀河では、数百万もの星が集まって、巨大ならせんを織りなしています。

渦巻銀河(M51)　　　写真　リック天文台、アメリカ合衆国

■ らせんを数えよう

　手はじめに、松ぼっくりのらせんの数を数えてみましょう。時計回りのらせんはイラストで黄色に、反時計回りのらせんは赤く塗ってあります。時計回りのらせんは何本あって、反時計回りのらせんは何本あるか、数えましょう。時計回りが8本、反時計回りが13本、数えられましたか？

　8と13という2つの数字は、**フィボナッチ数列**と呼ばれる数列において、となり合う2つの数です。

　　0　1　1　2　3　5　8　13　21　34　55　89……

　ひまわりのらせんの数を、数えてみましょう。左ページの絵を、コピー機でコピーしましょう。時計回りのらせんを1色に、反時計回りのらせんをまた別の色に塗りましょう。時計回りのらせんは、何本ありましたか？　反時計回りでは、どうですか？

　答えとなる2つの数字は、フィボナッチ数列で連続する2つの数です。

　森で松ぼっくりを見つけて、らせんの数を数えましょう。またパイナップルを手に入れて、時計回り、反時計回りのらせんの数を数えましょう。

　答えとなる2つの数字は、フィボナッチ数列で連続する2つの数です。

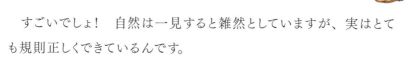

　すごいでしょ！　自然は一見すると雑然としていますが、実はとても規則正しくできているんです。

　昔の人たちが神様は数学者だと信じていたのも、不思議ではありません。

　フィボナッチ数列という名前の由来でもあるフィボナッチは、13世紀に生きたイタリアの数学者でした。フィボナッチというのは、「ボナッチの息子」という意味です。また「ピサのレオナルド」とも呼ばれていました。フィボナッチは育った北アフリカでアラビア数字に出会い、アラビア数字はローマ数字よりずっと簡単だと思いました。
　彼は計算法をまとめた『算盤の書』を書きました。その本で彼は、アラビア数字を使う方がローマ数字を使うより計算しやすいと、イタリア人たちを説得しようとしました。ところが商人や会計士は仰天しました。彼らは「アラビア数字では、すぐにお金をごまかされてしまうじゃないか」と言いました。「後ろに0を足せば、簡単に銀行から実際の勘定より多くの数字を引きだせるだろう」と。
　現在わたしたちが使っている数字の基礎であるアラビア数字を、

ヨーロッパの人たちが使いだすまでに、そこから200年ほどかかりました。

　フィボナッチはフィボナッチ数列を思いついた時のことを、自著の中で記しています。

　ウサギはたくさん子どもを産むことで、知られていますよね。フィボナッチは、1年間でどれぐらいのウサギが生まれるか知りたいと思いました。ただし、ウサギは生まれて2か月たつと大人になり、その月から毎月オスとメスのつがいを産むとします。12月にまずオス、メス1匹ずつのつがいがいました。2月にこのつがいに、子どもが2匹生まれました。オスとメスです。3月に元のつがいにまた子どもが2匹生まれました。今回もオスとメスでした。

　4月にそのつがいに、さらに子どもが2匹生まれました。オスとメス1匹ずつです。この時には、2月に生まれた2匹の子どもたちがもう大人になっており、2匹の間にオスとメスの子どもが1匹ずつ生まれました。

1月
2月
3月
4月
5月
6月
7月

　フィボナッチは、こんなふうにひと月ひと月、計算していきました。
　ところで、フィボナッチ数列の数、
0　1　1　2　3　5　8　13　21　34　55　89……
は、どこから来ているんでしょう？

　そう、1月は0です。1月に赤ちゃんは生まれませんでしたから。
　2月は1です。2月に、1組のつがいが生まれました。
　その下の3月は1です。3月に、1組のつがいが生まれました。

4月は2です。4月に2組のつがいが生まれました。(このころ、2月に生まれた赤ちゃんが大きくなって、子どもを産んだのです。)

5月は3です。5月に3組のつがいが生まれました。(このころには3月に生まれた赤ちゃんは大きくなっていて、子どもを産みました。ここまで、わかりますか?)

6月は5です。6月に5組のつがいが生まれました。元の両親から1組、2月、3月、4月にそれぞれ生まれた子ども(計4つがい)からは、つがい1組ずつが生まれました。

ここから先は急速に増えていきます。たとえば9月に21組のつがい、10月には34組の……とつづいていきます。

フィボナッチ数列の数字はどれも、直前の2つの数字を足した数になっています。

やってみよう

フィボナッチ数列の89という数は、直前の2つの数を足した数です。
34+55=89
フィボナッチ数列では、89の後にどの数が来るでしょう? その数の後には何の数が来ますか? さらにその後は?
フィボナッチ数列に終わりはなく、永遠に計算しつづけられます。

→ 答え p.120

20日間でどうやったら大金もちになれる?

　来週1週間、あなたが毎日お皿を洗うとします(それか大人がよくいやいややってる、おふろ洗いやゴミ出しなどを選んでもよいでしょう)。1日目は10円もらい、次の日は前の日の2倍のお駄賃をもらえるとしましょう。

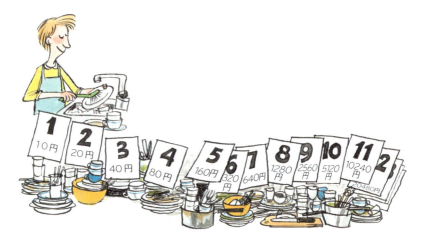

　大変! これはとんでもない契約です。あなたにとってではなく、お父さん、お母さんにとってね。

　14日後、あなたはいくらお駄賃をもらえるでしょう? 全部でいくらもらえますか?

　21日後には? 1か月で、あなたはいくらもらえるでしょう?

→ 答え p.120〜121

日	お駄賃	合計
1	10	10
2	10 × 2 = 20	10 + 20 = 30
3	20 × 2 = 40	30 + 40 = 70
4	40 × 2 = 80	70 + 80 = 150
5	80 × 2 = 160	150 + 160 = 310
6	160 × 2 = 320	310 + 320 = 630

　表をつくりましょう。一番左の列に、日にちを書き入れます。2列目には、その日のお駄賃の額を入れます。3列目にはその日までにもらったお駄賃の合計を書きます。

　そのまま表を埋めていけば、14日後、21日後に、お駄賃の合計がいくらになっているかを知ることができます。

　これは**指数関数の爆発性**の例です。指数関数の爆発性とは、数字が急激に増えることを意味する言葉です。今回増えたのは、あなたのお駄賃です。でもこんなとんでもない条件では、そう何日もお皿洗いをつづけさせてもらえないでしょう。

（フィボナッチ数列も指数関数の爆発性の例の1つです。）

魔方陣

　上の図を見てください。これは**魔方陣**です。縦の列、横の列、斜めの列の合計数を計算しましょう。何か気づいたことはありましたか？

　魔方陣は、縦と横同じ数のマス目でできた正方形でつくります。この絵では4×4＝16マス。1マスに数が1つ書かれています。縦、横、斜めの列の合計が、同じになるように数字が入れられています。計算してみましょう。どの列の数を足しても、34になることを確認できましたか？

正方形の縦の列が4、横の列が4である時、これを4次魔方陣と呼びます。4次魔方陣ではそれぞれのマス目に1、2、3、4、……16までの数が収められています。

　魔方陣にはまた、3×3＝9マス、5×5＝25マス、6×6＝36マス……のものもあります。

これは4次魔方陣の別の例だね。

縦の列、横の列、斜めの列の数をそれぞれ足すと、どれも34になる？

魔方陣をつくろう

- ▶ 紙を用意し、同じ大きさの正方形9つに切りましょう。
- ▶ これらの正方形に1から9まで番号を書き入れます。
- ▶ 横3列、縦3列の魔方陣、つまり、3次魔方陣になるようそれらの正方形を並べましょう。縦の列、横の列、斜めの列の合計が同じにならなくてはいけないのです。
- ▶ 魔方陣が完成したら、合計の数も書き出しましょう。
  どうしてその数になるのでしょう？
- ▶ 新しく正方形を9つ用意し、別の魔方陣をつくってみましょう。

自分で4次魔方陣をつくってみることもできますよ！

- ▶ 紙を用意して、同じ大きさの正方形16個に切り分けましょう。
- ▶ 正方形に1から16まで番号を書き入れます。
- ▶ 縦4列、横4列の魔方陣ができるよう正方形を並べましょう。上の例とはちがい、今回は縦、横、斜めの列の数の合計はすべて34になります。どうしてその数になるのでしょう？

→ 答え p.121

数学上の問題の多くは、遊びや空想の中で生みだされてきました。魔方陣は、中国の禹という名の巨体の皇帝が、亀の甲羅を見て思いついたという説があります。

　ほら、亀の背中の模様は、魔方陣に似ていませんか？

　亀が洛水という川から上がってきたので、この正方形は洛書と呼ばれるようになりました。これは3000年以上前の出来事です。

　中国では、正方形は幸福をもたらすと信じられていました。なので中国の古都はすべて、正方形型になるよう計画を立ててつくられました。また今でも人々は銀の魔方陣を、病気から守るお守りとして身につけています。

何通り？

　数学者だって普通の人。アイスだって普通に食べます。この絵の中に数学者が1人ひそんでいます。一体、だれでしょう？　そう、列の先頭で、なかなか注文せずにいる女の子です。彼女は考えているところです——アイスを2種類選ぶ時の組みあわせは何通りあるか。お店には全部で15種類のアイスがあります。

　何通りの方法があるかを考える時、数学者は**組みあわせ**という言葉を使います。

　まずはアイスの味が数種類しかないとして考えてみましょう。アイス屋さんに、たとえばナッツ、いちご、チョコレートの3種類しかないとしましょう。

3種類から2種類の味を選ぶ時、何通りの組みあわせがあるでしょう？　思いついた組みあわせを、絵にするとわかりやすいかもしれません。

　アイスの選び方は、順番を考えると6通り——つまり、のせ方は6通りあります。アイスは3種類あるので、1つ目のアイスを選ぶ方法は3通り。2つ目のアイスの選び方は、ほかに選択肢に残されたアイスは2種類なので、2通りです。なので3×2＝6となります。
　アイスの順番はどうなるでしょう？　順番は考えるべきですか？下の段がナッツで、上の段がいちごの場合と、下の段がいちごで、上の段がナッツの場合とでは、同じと見なしますか？　同じとするのであれば、同じものが2回出てきているのですから、2で割らなくてはなりません。すると組みあわせは、わずか3通りになります。

$$\frac{3 \times 2}{2} = \frac{6}{2} = 3$$

やってみよう

ブルーベリーを使うパターンは、これで全部。次は洋梨を一番下にもっていこう。

アイス屋さんにブルーベリー、洋梨、オレンジ、キャラメル、ラムレーズン、リコリスの6種類アイスがあるとします。あなたがダブルのコーンを注文するとします。この時、2つのアイスの種類は別々とします。

▶ 組みあわせは何通りあるでしょう？ たとえば下の段がブルーベリー、上の段が洋梨の場合と、下の段が洋梨で上の段がブルーベリーの場合では同じアイスと考えて、図にしてみましょう。

▶ アイスが15種類の場合はどうでしょう？

▶ たとえばチョコレートとチョコレートのように、同じ味のアイスを2つ選んでいいとします。お店にアイスが3種類あって、ダブルのコーンを注文するとして、組みあわせは何通りでしょう？ 6種類では？ 15種類では？

→ 答え p.122

爆発的に増える

A、B、C 3つのものは、何通りに並べられますか？

Aは3か所に置くことができます。この時、Bは2か所に置けます。Bを置く場所が定まると、Cを置く場所はあと1つしか残されていません。つまり、3 × 2 × 1 = 6通りです。

94

やってみよう

紙に4つの異なる図形を描き、切りぬきましょう。

それぞれの図形に、文字を1つずつ書きましょう。あなたはそれらの図形を何通りに並べられるでしょう？ さまざまに組みあわせて、それらの組みあわせをすべて表にしましょう。

5つのものは、何通りに並べられるでしょう？ 6つでは、どうですか？ 7つ、8つ、9つでは？ 10個の場合は？ 電卓を使ってもいいですよ。

→ 答え p.122～123

もう気づいているでしょうけど、並べるものの数が増えると、組みあわせは爆発的に増えます。3種類とか4種類のものを並べるのは、簡単。でも5種類となると、たちまち120通りもの組みあわせを書き出さなくてはならなくなります。

オイラーの多面体定理

　18世紀に、レオンハルト・オイラーという数学者がいました。彼はスイスのバーゼルで生まれ、わずか13歳で、大学で数学の研究をはじめました。

　オイラーは数学だけでなく、天文学や生物学、科学技術の研究もしました。当時の大学では学べる科目をほとんど全部学ぶのが、普通だったのです。オイラーは大きな船にマストを張る一番よい方法は何かなどについて論文を書きました。海辺に暮らしたことも、船を見たこともろくになかったのに！

　でもオイラーは数学が得意で、創造力にあふれていました。彼はたとえば点を描き、線でつなぎました。線を**辺**と呼び、線と線が交わってできた部分のことを、**頂点**と呼びました。そして、いろいろな図形の辺と頂点の数に、何か特定の法則があるのではないかと考えたのです。

　彼はまず、右ページの**1**の図のように5つ点を描いて、それらを線で結んだのです。すると頂点が5つと辺が5つできます。図

オイラーの父は牧師で、息子も牧師になるよう望んでいました。でもその希望をあきらめなくてはなりませんでした。

形の内側には**面**が1つ、外側には1つできました。

わたしたちもオイラーと同じようにやってみましょう。下の2の図のように、先ほど描いた図形の外側に点を2つ描き、それらの点を線と図形でつなぎます。今、頂点は7つ、辺は8つ、面は3つあります。この後、点を1つ描いて、図形とつなぎましょう。すると頂点は8つ、辺は10個、面は4つになります。

何か特別なことに気がつきましたか？

たとえば、3つの図形の頂点の数－辺の数＋面の数を計算し、どんな結果になるか調べてみましょう。

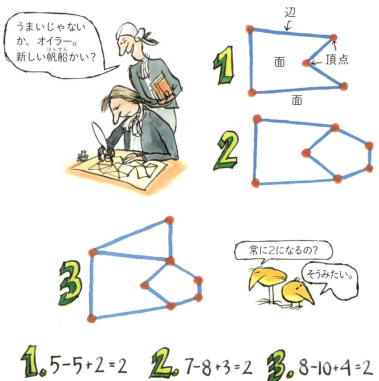

1. $5-5+2=2$ 2. $7-8+3=2$ 3. $8-10+4=2$

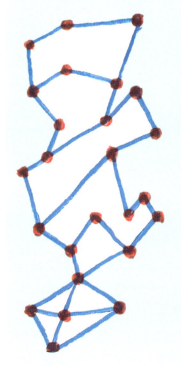

　今度は自分で新しい図形を描いてみましょう。用意するのは、紙とえんぴつと定規です。たとえば点を6つ描いて、それらを線でつなぎましょう。この時、

　頂点6つ−辺6つ+面2つ=2です。

　新しく点を3つ描いて、さっきの図形と線で結びましょう。図形がどう増えていくか見やすくなるよう、それぞれ色をつけましょう。この時、

　頂点9つ−辺10個+面3つ=2です。

　また別の色で新しい点を2つ描いて、図形と線でつなぎましょう。この時、

　頂点11個−辺13個+面4つ=2になります。

　こんなふうに、つづけたいだけつづけてみましょう。永遠にできますよ。あなたは点を1つかそれ以上、たとえば4つか5つ、描くことができます。

　新しい図形ではじめからやり直し、点の数を自由に選びます。計算すると、答えは毎回同じになるでしょう。

　頂点の数−辺の数+面の数=2

この頂点と辺と面の法則に気づいたのも、レオンハルト・オイラーでした。彼は答えが常に2になると知っていました。そのことを発見した時、彼は大喜びだったにちがいありません。数学者である彼は、「頂点の数」と「辺の数」と「面の数」を描きつづけ、ある法則を思いつきました。

　頂点の数＝V

　辺の数＝E

　面の数＝F

　この時、V－E＋F＝2です。これが**オイラーの多面体定理**と呼ばれる公式です。

　200年以上たった今でも、この公式は重要とされています。これはトポロジーなどで使われます。物理学者が宇宙研究に使う数学の1つでもあります。宇宙には果てがあるのでしょうか？　それとも、どこまでもつづいているのでしょうか？　これはトポロジーの大きな問いです。

トポロジーを使った遊び

　この図形をえんぴつの先を紙からはなさずに、ひと筆で描けますか？
　1度描いた線の上を戻らずに。

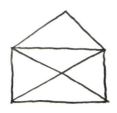

　では、この図形では、どうでしょう？
　紙からえんぴつの先をはなさずに、また、1度描いた線を戻らず、描けますか？

　似たような図形でも、ひと筆で描けるものと描けないものがあります。
　このことに気づいたら、さあ、自分で図形を描いてみましょう。

▶ 友だちと競争してみましょう。どちらがたくさん、ひと筆で描ける図形を見つけられるでしょうか。えんぴつの先を紙からはなしたり、線を引き返したりしてはいけません。

▶ えんぴつの先を紙からはなさないと、描けない図形があります。それはどんな図形でしょう?

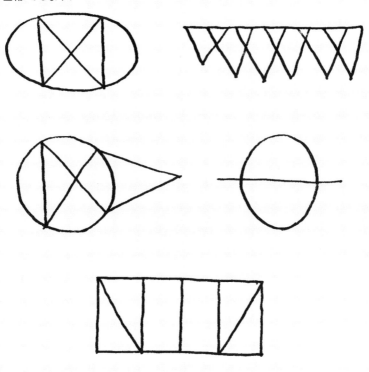

→ 答え p.123

　これはトポロジーを使った遊びです。この遊びでは頂点と辺だけでなく、オイラーの多面体定理と同じ方法で、同じ点をどう線でつなぐかが問題になります。

トポロジー学者は、えんぴつの先を紙からはなさず、線を引き返さずに描ける図形がどれか知っています。試さなくたってわかるのです。トポロジー学者は、あらゆる頂点（点）をよく観察した上で、頂点からいくつ辺が伸びているかを頭の中で数えます。次の2つの図のうち、上の図では、1つの頂点から3本、つまり奇数の辺が伸びています。こういう頂点を奇点といいます。一方、下の図では、1つの頂点から4本、つまり、偶数の辺が伸びています。これを偶点といいます。

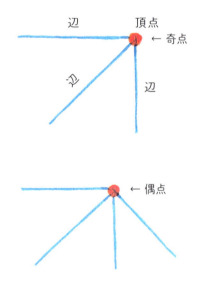

　次の表を見てみましょう！　トポロジーの秘密の法則が、どこかに隠れています。数学者たちはどのように考えたのでしょう？　考えてもわからなかったら、友だちと図形をいくつか描いてみましょう。そして、辺や頂点の数を、表にしてみましょう。

	◇	◇	○	◎
奇点の数	2	4	2	0
ひと筆で描けるか?	○	×	○	○

アルファベットの文字でも、同じことができます。やってみて！

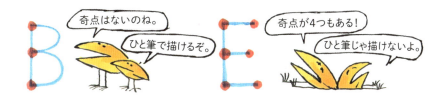

メビウスの帯

やってみよう

用意するもの　大きな白い紙、定規、えんぴつ、クレヨン、はさみ、のり

白い紙を、細長い帯状の紙2枚に切りましょう。大きさは自分で好きに決めてかまいません。たとえば、幅6センチ、長さ50センチなど。

▶ 2枚の帯状の紙の1つを手にとり、端と端をのりでくっつけ、輪っかにしましょう。
▶ 外側と内側で別々の色を塗りましょう。
▶ 帯の中心に切り込みを入れましょう。
▶ どうなりますか？　そう、最初につくった半分の幅の輪っかが2つできますね。
どちらも内側と外側に別々の色が塗られています。ここまでは当たり前のことですね？

▶ もう1枚の帯状の紙は、半周ねじって、端と端をのりでくっつけましょう。
▶ 内側と外側で別々の色を塗りましょう。すると、どうなるでしょう？

▶ 真ん中に切り込みを入れましょう。
▶ 切ったものをさらに切り込みを入れてみましょう。さらにもう1回、切り込みを入れると……。

→ 答え p.123

半周ねじってのりでとめた帯状の紙は、**メビウスの帯**と呼ばれています。これは19世紀のドイツの数学者、アウグスト・フェルディナント・メビウスからとった名前です。

　メビウスの帯の不思議なところは、面が1つしかないところです。帯に色をつければ、帯全体が同じ色になっていて、面が1つしかないことに気づくにちがいありません。

　面が1つしかないのを実感したければ、自分がアリだったらと想像してみればよいのです。1本の指で面をなぞってみましょう。この時、指を紙からはなす必要はまったくないはずです。

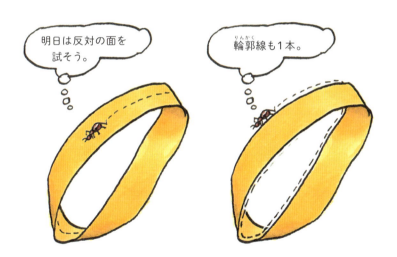

さっきと同じように紙を帯状に切りましょう。帯の中央に点線を引きます。

▶ 帯を1周ねじって、端と端をのりでくっつけましょう。
▶ 外側と内側を別々の色で塗りましょう。帯は片面しかありませんか？　それとも両面ありますか？　帯の輪郭線は1本？　それとも2本？
▶ 真ん中に切り込みを入れましょう。どうなりますか？

▶ 別の帯を1周半ひねって、端と端をのりでくっつけましょう。
▶ 外側と内側を別々の色で塗りましょう。帯は片面しかありませんか？　それとも両面ですか？　帯の輪郭の線は1本ですか？　それとも2本？
▶ 真ん中に切り込みを入れましょう。どうなりますか？

▶ さらに、つづけましょう。帯を半周ずつ4回、5回、……とひねりましょう。端と端をのりでくっつけましょう。この時できる帯は片面しかありませんか？　それとも両面ありますか？

106

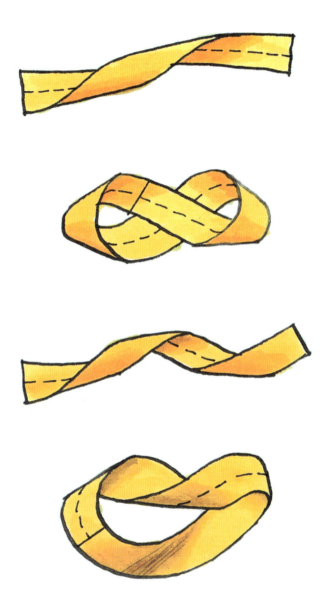

4色問題

　100年以上前に生まれた有名な数学上の問題に、**4色問題**というのがあります。それはこんな内容でした。
「となり合う国同士が同じ色にならないよう、地図に色を塗るのに必要なのは、たったの4色である」
　ほんとうでしょうか？
　ええ、ほんとうです。次のページの図形を塗るのにも、4色しかいらないはずです（この図形も、たくさんの国に分かれている実際の大陸に負けず劣らず、ごちゃごちゃしています）。そして地図をつくる製図業者も、昔から地図に色をつけるのに、4色しか必要ないと知っていました。でも数学者が証明するまで、それが真実とは認められずにきました。地図職人が何枚も地図に色をつけ実験してきたのに、認められなかったのです。

　今からおよそ40年前、アメリカの2人の数学者がこれを証明してみせました。数学者が何かを証明するのにコンピュータを使ったのはこれがはじめてだったので、彼らの証明は有名になりました。

　この図をコピー機で印刷しましょう。コピーしたら、各マスに1色ずつ色を塗ります。あなたは最大4色まで使うことができ、となり合うマス同士は同じ色で塗ってはなりません。真ん中の五角形を取り囲む、5つの六角形からまずは塗りはじめ、そこから外へ外へと進んでいくとよいでしょう。

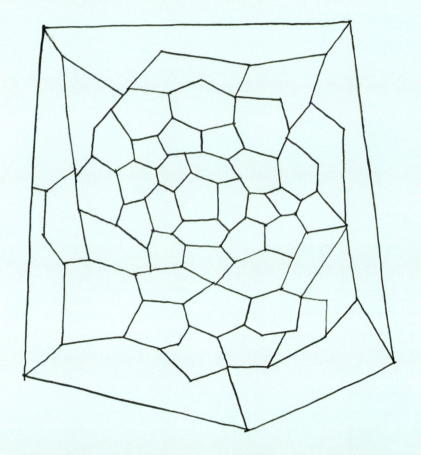

　地図のアフリカ大陸のページをコピーして、それぞれの国に色を塗りましょう。となり合う国には別々の色を塗らなくてはなりません。
　4色ですべての国を塗ることができましたか？

調和のとれた立体

　近くで塩をじっくり観察してみましょう。虫眼鏡があったら、使っていいですよ。観察してみると、塩の粒は小さな4角形の箱、つまり立方体でできているとわかるでしょう。それらの立方体1つ1つが結晶なのです。

塩の粒の原子

　立方体は**正多面体**です。正多面体ではすべての面が同じ形、すべての辺が同じ長さ、すべての角が同じ大きさです。正多面体は5種類あり、**プラトンの立体**とも呼ばれます。これらのうち3つの立体は正三角形だけでできています。
▶ 正三角形4つで正四面体を作れます。
▶ 正三角形8つで正八面体を作れます。
▶ 正三角形20個で正二十面体を作れます。
　4つ目の正多面体である立方体は、6つの正方形でできています。
　5つ目の正多面体は、正十二面体と呼ばれ、12個の正五角形でできています。

正四面体

正八面体

正二十面体

立方体

正十二面体

プラトンの立体（正多面体） とは、哲学者プラトンの名前からとったものです。プラトンは2000年以上前のギリシャのアテネの人です。

プラトンは『ティマイオス』という本の中で、世界がどんなふうにつくられたか自分の考えを書きました。彼は神が立体から衛星や惑星、水、火、空気、植物、動物、人間といった多種多様な形のものをいかにつくったか、大地や空をいかに創造したかを語っています。

世界は混沌と呼ぶに値する複雑なものだと思われていますが、実際、世界ほど完ぺきに調和がとれたものはないとプラトンは述べました。彼は、大地と空のすべてのものは火、空気、水、土という4つの要素から成ると考えました。そして規則正しいものこそ自然界でもっとも完ぺきで、この4つの要素が規則正しく組みあわさることで、世界ができているとしました。だから自然界のあらゆるものに、規則性を見いだせるのだと。

コンパスで世界を測る神様。
13世紀のフランスの写本より。

プラトンはこうも考えました。
「世界のすべては、根源的には数学なんだ」

このプラトンの考えは真実だと何千年間も信じられてきました。中世の絵で数学者は神として描かれました。絵の中の数学者は、コンパスを手に世界を形づくっているのです。

やってみよう

模様のある厚紙を利用して、正多面体を作りましょう。この本の後見返しに正多面体の展開図がのっています。コピー機で拡大コピーして、模様のある厚紙に貼り、切りぬきます。折ってのりで貼ってから、立体の模様に色を塗りましょう。

プラトンの立体を作るもう1つのやり方は、ストローとモールを使うものです。まずストローを真ん中で2つに分けましょう。それにモールを挿します。ストローとストローを、モールを結ぶことでつないでいきます。モールの端が飛びだしてしまったら、曲げてストローの中に入れ込むとぐらぐらしません。正四面体からはじめ、次は立方体……というふうに作っていきましょう。

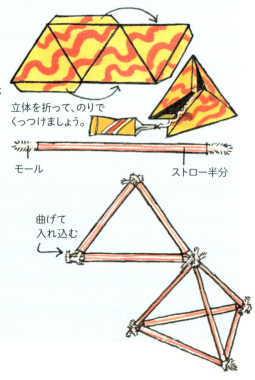

立体を折って、のりでくっつけましょう。

モール　　　ストロー半分

曲げて入れ込む

112

■ 頂点と辺と面を数えよう

　図形の頂点と辺と面の数の関係性について表した、オイラーの多面体定理を覚えていますか？　多面体についても、頂点や辺や面の数を数え、それらの間に相関性を見いだすことができます。たとえば六面体（立方体）なら、その面の数は6つ、八面体なら8つです。

　立方体についてオイラーと同じように考えてみましょう。以下の計算をすればわかりますよ。
　頂点の数－辺の数＋面の数（V－E＋F）です。
　立方体には頂点が8つ（V＝8）と辺が12本（E＝12）と面が6つ（F＝6）あります。なので8－12＋6＝2となります。
　どの多面体でも答えは常に2になるのでしょうか？　ほかの正多面体の頂点や辺、面についても、自分で計算してみてください。

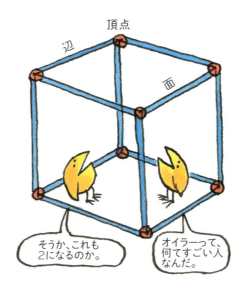

答え

23ページ ▶ マッチ棒で三角形をつくろう

　三角形を1つ増やすには、マッチ棒を2本足す必要があります。最初のマッチ棒1本のほかに、三角形の数×2本、必要です。

34ページ ▶ ピタゴラスの定理1

A（一番短い辺を1辺にもつ正方形）＝ 5 × 5 ＝ 25
B（2番目に長い辺を1辺にもつ正方形）＝ 12 × 12 ＝ 144
C（斜辺を1辺にもつ正方形）＝ 13 × 13 ＝ 169

$$A + B = C$$
$$25 + 144 = 169$$

37ページ ▶ ピタゴラスの定理2

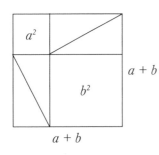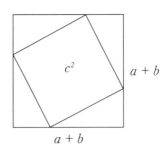

　各図にそれぞれ4つある三角形は、どれも同じものです。この時、$a^2 + b^2 = c^2$です。

38～39ページ ▶ **1から20まで、ヘカトン**

20までの10個の数を言ってみましょう。

・・・・・・、11、12、13、14、15、16、17、18、19、20

あなたが最後から2番目に、17と言えれば、必ず勝てます！　その場合、友だちが1を足して18と言えば、あなたはそれに2を足して20と言えます。友だちが2を足して19と言った場合でも、あなたはそれに1を足して20と言えます。11とか14といった数になったら、チャンスを見計らいましょう！

ヘカトンで鍵となる数は、1、12、23、34、45、56、67、78、89です。それらの数を言った方が、先に100と言う可能性があります！

51ページ ▶ **フラクタル**

辺の数

手順1　　$4 \times 3 = 12$

手順2　　$4 \times 4 \times 3 = 4^2 \times 3 = 48$

手順3　　$4 \times 4 \times 4 \times 3 = 4^3 \times 3 = 192$

手順4　　$4 \times 4 \times 4 \times 4 \times 3 = 4^4 \times 3 = 768$

手順5　　$4 \times 4 \times 4 \times 4 \times 4 \times 3 = 4^5 \times 3 = 3072$

・・・・・・

4の少し右上にある小さな数は、4を何回かけるのかを表します。手順10では、数字の4は10回かけなくてはなりません。これを単純に4^{10}と表記することができます。つまり辺の数は、$4^{10} \times 3 =$

3145728本です。

　手順nの後、図形の辺の数は、$4^n \times 3$本です。

　はじめ、三角形の周りの長さは$9 \times 3 = 27$センチです。手順1の後、図形の周りの長さは

$$\frac{9}{3} \times 4 \times 3 = 3 \times 4 \times 3 = 36 \text{センチになります。}$$

56ページ ▶ くさび形文字

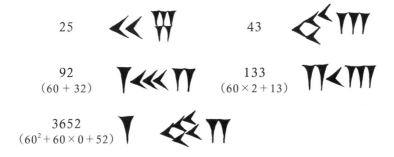

59ページ ▶ ローマ数字

　24 = XXIV、89 = LXXXIX、136 = CXXXVI、773 = DCCLXXIII

　あなたが11歳(さい)ならXI、12歳ならXII。

　2006年生まれならMMVI。

64～65ページ ▶ 素数を探そう

100より小さい素数は25個。1とその数以外では割れないから。

双子素数

　3と5、5と7、（11と13）、17と19、（29と31）、41と43、（59と61）、71と73。

101から200までの素数

　101　103　107　109　113　127　131　137　139　149
151　157　163　167　173　179　181　191　193　197　199

68～69ページ ▶ **正方形のパズル**

1 = 1 × 1	*26 = 2 × 13*
2 = 1 × 2	*27 = 3 × 9*
3 = 1 × 3	*28 = 2 × 14 = 4 × 7*
4 = 2 × 2	**29 = 1 × 29**
5 = 1 × 5	*30 = 2 × 15 = 3 × 10*
6 = 2 × 3	**31 = 1 × 31**
7 = 1 × 7	*32 = 2 × 16 = 4 × 8*
8 = 2 × 4	*33 = 3 × 11*
9 = 3 × 3	*34 = 2 × 17*
10 = 2 × 5	*35 = 5 × 7*
11 = 1 × 11	*36 = 2 × 18 = 3 × 12 = 4 × 9 = 6 × 6*
12 = 2 × 6 = 3 × 4	**37 = 1 × 37**
13 = 1 × 13	*38 = 2 × 19*
14 = 2 × 7	*39 = 3 × 13*
15 = 3 × 5	*40 = 2 × 20 = 4 × 10 = 5 × 8*
16 = 2 × 8 = 4 × 4	**41 = 1 × 41**
17 = 1 × 17	*42 = 2 × 21 = 3 × 14 = 6 × 7*
18 = 2 × 9 = 3 × 6	**43 = 1 × 43**
19 = 1 × 19	*44 = 2 × 22 = 4 × 11*
20 = 2 × 10 = 4 × 5	*45 = 3 × 15 = 5 × 9*
21 = 3 × 7	*46 = 2 × 23*
22 = 2 × 11	**47 = 1 × 47**
23 = 1 × 23	*48 = 2 × 24 = 3 × 16 = 4 × 12 = 6 × 8*
24 = 2 × 12 = 3 × 8 = 4 × 6	*49 = 7 × 7*
25 = 5 × 5	*50 = 2 × 25 = 5 × 10*

素数の枚数では2列以上の長方形を作れません。

2つの素数をかけ合わせるか、同じ素数を2回あるいは3回かけ合わせた数のピース
$4 = 2 \times 2$、$9 = 3 \times 3$、$8 = 2 \times 2 \times 2$、$27 = 3 \times 3 \times 3$
では、長方形は1種類しか作れません。上記以外の数のピースでは、少なくとも2種類以上の長方形を作れます。

$2 \times 3 \times 5 \times 7 = 210$ピースで、長方形は7つ作れます。

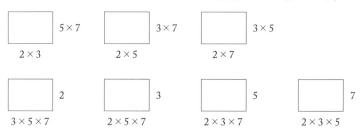

$2 \times 2 \times 2 \times 2 \times 2 \times 2 \times 2 \times 2 \times 2 \times 2 = 2^{10} = 1024$ピースで長方形は5つ作れます。数字の少し右上にある小さな数は、その数を何回かけるのかを表します。

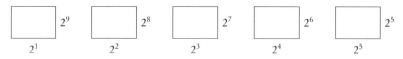

$2^{11} = 2048$ピースで、長方形は5つ作れます。

71ページ ▶ ゴールドバッハの予想

4〜100までのすべての偶数の表

4 = 2 + 2	38 = 7 + 31	70 = 3 + 67
6 = 3 + 3	40 = 3 + 37	72 = 5 + 67
8 = 3 + 5	42 = 5 + 37	74 = 3 + 71
10 = 3 + 7	44 = 3 + 41	76 = 3 + 73
12 = 5 + 7	46 = 3 + 43	78 = 5 + 73
14 = 3 + 11	48 = 5 + 43	80 = 7 + 73
16 = 3 + 13	50 = 3 + 47	82 = 3 + 79
18 = 5 + 13	52 = 5 + 47	84 = 5 + 79
20 = 3 + 17	54 = 7 + 47	86 = 3 + 83
22 = 3 + 19	56 = 3 + 53	88 = 5 + 83
24 = 5 + 19	58 = 5 + 53	90 = 7 + 83
26 = 3 + 23	60 = 7 + 53	92 = 3 + 89
28 = 5 + 23	62 = 3 + 59	94 = 5 + 89
30 = 7 + 23	64 = 3 + 61	96 = 7 + 89
32 = 3 + 29	66 = 5 + 61	98 = 19 + 79
34 = 3 + 31	68 = 7 + 61	100 = 3 + 97
36 = 5 + 31		

　これらが、足して偶数になる2つの素数の組みあわせです。組み合わせが複数ある場合は、一番小さい素数と一番大きな素数の組みあわせをのせています。

77ページ ▶ **数学界の王様**

　1〜20までの数字を足すと、210になります。

　1〜50までの数字を足すと、1275になります。

　1〜209までの数字を足すと、21945になります。

85ページ ▶ フィボナッチ数列

フィボナッチ数列で89の後に来る数は、以下のように計算できます。

55+89=144、89+144=233、144+233=377、233+377=610、377+610=987

この後も無限につづきますが、この本ではこれ以上計算式を書くスペースはありません。

987の後は、1597、2584、4181、6765、10946、……といった具合につづきます。

86ページ ▶ ２０日間でどうやったら大金もちになれる？

日	円	合計
1	10	10
2	$10 \times 2 = 20 = 10 \times 2^1$	$10 + 20 = 30$
3	$20 \times 2 = 40 = 10 \times 2^2$	$30 + 40 = 70$
4	$40 \times 2 = 80 = 10 \times 2^3$	$70 + 80 = 150$
5	$80 \times 2 = 160 = 10 \times 2^4$	$150 + 160 = 310$
6	$160 \times 2 = 320 = 10 \times 2^5$	$310 + 320 = 630$
7	$320 \times 2 = 640 = 10 \times 2^6$	$630 + 640 = 1270$
8	$640 \times 2 = 1280 = 10 \times 2^7$	$1270 + 1280 = 2550$
9	$1280 \times 2 = 2560 = 10 \times 2^8$	$2550 + 2560 = 5110$
10	$2560 \times 2 = 5120 = 10 \times 2^9$	$5110 + 5120 = 10230$
11	$5120 \times 2 = 10240 = 10 \times 2^{10}$	$10230 + 10240 = 20470$
12	$10240 \times 2 = 20480 = 10 \times 2^{11}$	$20470 + 20480 = 40950$
13	$20480 \times 2 = 40960 = 10 \times 2^{12}$	$40950 + 40960 = 81910$
14	$40960 \times 2 = 81920 = 10 \times 2^{13}$	$81910 + 81920 = 163830$
15	$81920 \times 2 = 163840 = 10 \times 2^{14}$	$163830 + 163840 = 327670$
16	$163840 \times 2 = 327680 = 10 \times 2^{15}$	$327670 + 327680 = 655350$
17	$327680 \times 2 = 655360 = 10 \times 2^{16}$	$655350 + 655360 = 1310710$
18	$655360 \times 2 = 1310720 = 10 \times 2^{17}$	$1310710 + 1310720 = 2621430$
19	$1310720 \times 2 = 2621440 = 10 \times 2^{18}$	$2621430 + 2621440 = 5242870$
20	$2621440 \times 2 = 5242880 = 10 \times 2^{19}$	$5242870 + 5242880 = 10485750$
21	$5242880 \times 2 = 10485760 = 10 \times 2^{20}$	$10485750 + 10485760 = 20971510$

とつづきます。右上にある小さな数は、2を何回かけ合わせるのかを表します。

90ページ ▶ **魔方陣**

3次魔方陣の1つの列の合計は15になります。すべての数を足して（1 + 2 + 3 + 4 + 5 + 6 + 7 + 8 + 9 = 45）、3（列の数）で割りましょう（45 ÷ 3）。すると答えは15になります。

4次魔方陣の1つの列の合計は34になります。すべての数を足して（1 + 2 + 3 + 4 + …… + 15 + 16 = 136）、4（列の数）で割りましょう（136 ÷ 4）。すると答えは34になります。

3次魔方陣の例

4	9	2
3	5	7
8	1	6

8	1	6
3	5	7
4	9	2

6	1	8
7	5	3
2	9	4

6	7	2
1	5	9
8	3	4

4次魔方陣の例

16	3	2	13
5	10	11	8
9	6	7	12
4	15	14	1

| 94ページ ▶ **何通り？ 1** |

6種類の場合

　　1つ目のアイスの選び方は6通り、2つ目は5通りです。6×5 = 30通り。でも同じ組みあわせが2回ずつ出てきてしまうので、2で割らなくてはなりませんね。なので

$$\frac{6 \times 5}{2} = \frac{30}{2} = \ 15 \text{通り}$$

15種類の場合

$$\frac{15 \times 14}{2} = \frac{210}{2} = \ 105 \text{通り（組みあわせ）になります。}$$

ダブル・コーンの計算はこうです。3種類の味を2つ組みあわせると、$3 + 3 = 6$通り。6種類の味を2つ組みあわせると、$15 + 6 = 21$通り。15種類では、$105 + 15 = 120$通り。

| 95ページ ▶ **何通り？ 2** |

4つのものは$4 \times 3 \times 2 \times 1 = 24$通りに並べられます。

5つのものは$5 \times 4 \times 3 \times 2 \times 1 = 120$通りに並べられます。

6つのものは$6 \times 5 \times 4 \times 3 \times 2 \times 1 = 720$通りに並べられます。

7つのものは$7 \times 6 \times 5 \times 4 \times 3 \times 2 \times 1 = 5040$通りに並べられます。

8つのものは$8 \times 7 \times 6 \times 5 \times 4 \times 3 \times 2 \times 1 = 40320$通りに並べられます。

9つのものは$9 \times 8 \times 7 \times 6 \times 5 \times 4 \times 3 \times 2 \times 1 = 362880$通りに並べられます。

10個のものは $10 \times 9 \times 8 \times 7 \times 6 \times 5 \times 4 \times 3 \times 2 \times 1 =$ 3628800通りに並べられます。

101ページ ▶ トポロジーを使った遊び

奇点のある図形は、えんぴつの先を紙からはなさずには描けません。ただし、奇点が2つの場合は、ひと筆で描けます。えんぴつの先を紙からはなさず、線を引き返さず、これらの図形を描いてみましょう。

104ページ ▶ メビウスの帯

帯を半周ひねることを1回と数えた場合、2回、4回、6回ひねると（偶数回）、帯は2面、輪郭線は2本になります。

帯を1回、3回、5回ひねると（奇数回）、帯は1面、輪郭線は1本になります。

123

用語索引

あ行

アラビア数字　57, 58, 82

エラトステネス　63

エラトステネスのふるい　62-64

円　30, 31

円周　30

オイラー、レオンハルト　96, 97, 99

オイラーの多面体定理　96, 99, 101, 113

か行

回転移動　43

回転対称　42, 43

ガウス、カール・フリードリヒ　72-76

カントル、ゲオルク　46, 47

カントル集合　46, 47

幾何学　26, 44, 45

奇数　102

奇点　102, 103

偶数　62, 71, 102

偶点　102

くさび形文字　55, 56

組みあわせ　92-95

位取り記数法　56

計算法　8, 11, 72, 82

公式　36, 44, 74, 75, 77, 99

ゴールドバッハ　70

ゴールドバッハの予想　70

コッホ、ヘルゲ・フォン　48

コッホ曲線　48-51

さ行

三角形　22-25, 33, 34,

三平方の定理　33

四角形　18, 19, 20

四角数　20, 21, 35

正五角形　26, 27, 110

正三角形　21, 26, 27, 48, 51, 110

正十二角形　26

整数　62

正多面体　110-113

正八面体　12, 110, 111

正八角形　26, 27

正方形　12, 20, 21, 25, 26, 27, 34, 35, 37, 66-68, 88, 89, 90, 91, 110

線対称　40-43, 45

素数　12, 62-65, 70, 71

た行

対称移動　43

対称軸　40, 42, 43

多角形　25-27

中心　30

中点　18

頂点　18, 19, 27, 96-99, 101, 102, 113

直角三角形　34, 36, 37

直径　30

等分　47, 48, 51

トポロジー　12, 99, 100-102

な行

ナウム・ガボ 28

2乗 35

は行

パターン 7, 9, 10, 19, 20, 23, 62, 64, 71, 94

半径 30, 31

ピタゴラス 32, 33, 36

ピタゴラスの定理 33-37

フィボナッチ数列 79-85, 87

双子素数 65

フラクタル 44-51

プラトンの立体 110-112

平行移動 43

平行四辺形 18, 19

平方数 20, 35

辺 18, 19, 20, 21, 34-37, 46, 48, 51, 96-99, 101, 102, 110, 113

ま行

魔方陣 88-91

マヤ文明の数字 54

マンデルブロ集合 44, 46

メビウス、アウグスト・フェルディナント 105

メビウスの帯 104, 105

面 97, 98, 99, 105, 110, 113

モザイク 26, 27

模様 9, 24, 25, 26, 28, 30, 41, 43, 45

や行・ら行・わ行

4色問題 108

らせん 78-81

立方体 44, 110, 111, 112, 113

ローマ数字 58, 59, 82

訳者からみなさんへ

　本作『北欧式 眠くならない数学の本』は、スウェーデンで1994年に出版され、4万部（スウェーデンの人口はおよそ990万人。4万部を日本の人口に換算するとおよそ51万部）を記録。20年以上たった今でも愛されているロングセラーです。またドイツ、韓国、ノルウェー、デンマーク、フィンランド、トルコ、イタリア、セルビアなどでも翻訳出版されています。

　本作を書いたクリスティン・ダールは教科書・教材会社や、科学雑誌社の編集者として経験を積んだ後の、1991年に『すばらしい算数』で作家デビュー。3年後の1994年に本作『北欧式 眠くならない数学の本』、1998年に『算数で遊ばない?』、2009年『いっしょに計算しよう』を発表。その他にも子どもむけノンフィクションを多数執筆してきました。

　本作の冒頭で作者は、こう問いかけます。「あなたは『数学ってつまらないし、難しい』って思ったことはありますか? 『嫌い』『自分の生活には関係ない』って決めつけてはいませんか?」

　数学に今、苦手意識をもっている人も、小さい時分は、地面をはうアリを数えたり、お母さんやお父さんが食事の後、家族の人数分、器を用意し、アイスを盛るのを手伝ったりするのが好きだったはずです。作者は言います。だれだって、数学者なのだと。

　相手の思考を読むマジックみたいな数遊びをしたり、正方形のパズルを並べたり、絵の具で模様を描いた紙を真ん中で折って線対称のチョウを描いたり、松ぼっくりやひまわりのらせんの数を数えたり、はさみやのりなどを使ってメビウスの帯を作ったりと促すことで、作者はみなさんを数の世界に誘い、その能力、創造力を刺激し、関心を呼び起こすことでしょう。

　作者はまた矢の先につける石の矢じりの数や、しとめたシカの毛皮の

枚数を指を折って数えていた百万年前から現在まで、数という概念がどのように発達していったか、わくわくするような数学の歴史をも示してくれます。

　古代ギリシャのピタゴラス、スウェーデンのヘルゲ・フォン・コッホ、イタリアのフィボナッチといった数学の歴史上の偉人も紹介されているので、伝記を読んでいるような楽しさも味わわせてくれます。

　数学の楽しさを子どもたちに伝える名人である作者も、実ははじめは、数学なんてつまらない、難しいと考えていたそうです。数学が何なのか、気づくまでは。

　では数学とは何なのでしょう？　作者は数学の大事な要素としてまず計算を挙げています。また数学はわたしたちが自分の考えを書き表すために生みだしてきた言葉であり、宇宙がどうやってつくられたのか、生命がどのように誕生したかを解明するなどさまざまに用いることのできる道具である、ともしています。作者はまた数学は、いくつもの数にパターンを見いだすことで、どのように考えたらいいかを知る手立てである、とも述べています。

　この本を読むことで、みなさんは数学が役に立つものだと知ることができるでしょう。それに数学がそこら中にあるということもわかるはずです。哲学者プラトンは「世界のすべては、根源的には数学なんだ」と考えました。大地と空のすべてのものは火、空気、水、土という4つの要素から成る。そして規則正しいものこそ自然界でもっとも完ぺきだ。この4つの要素が規則正しく組みあわさることで、世界ができている。だから自然界のあらゆるものに、規則性を見いだせる、と。

　数学の言葉の助けを借りることで、身のまわりのものを言い表すことができるようになる、と作者は言います。この世の中はまだまだわからないことだらけ。数学を知ることで、混沌とした世界が、少しはっきり見えてくることでしょう。

枇谷　玲子

著 クリスティン・ダール

作家・編集者。高校の数学科で学んだ後、数学教師をめざしてウップサーラ大学で数学を専攻。しかし数学が日常生活とはかかわりのない机上の空論のように思え、中退。ストックホルムのグラフィックの学校やジャーナリスト養成大学で学び、研究と進歩（Forskning&Framsteg）社の代表・編集者になる。主な著書に、『いっしょに計算しよう』、本書、『算数で遊べない?』など。その作品は、ドイツ、デンマーク、ノルウェー、フィンランド、韓国などで翻訳出版されている。

絵 スヴェン・ノードクヴィスト

1946年スウェーデン南西部のヘルシンボリ生まれ。スウェーデンを代表する絵本作家。『おねえちゃんはどこ?』（岩波書店）は2007年アウグスト賞受賞。『フィンドゥスの誕生日』（ワールドライブラリー）、『フィンダスのクリスマス』（宝島社）、『め牛のママ・ムー』（福音館書店）など邦訳も多く刊行されている。

訳 枇谷玲子（ひだに・れいこ）

1980年富山県生まれ。2003年、デンマーク教育大学児童文学センターに留学（学位未取得）。2005年、大阪外国語大学（現大阪大学）卒業。児童書を中心に北欧の書籍の紹介に注力している。主な訳書に、『キュッパのはくぶつかん』（福音館書店）、『カンヴァスの向こう側』（評論社）、『サイエンス・クエスト——科学の冒険』（NHK出版）、『自分で考えよう　世界を知るための哲学入門』（晶文社）などがある。埼玉県在住。

北欧式　眠くならない数学の本

2018年6月30日　第1刷発行
2024年3月15日　第5刷発行

著	クリスティン・ダール
絵	スヴェン・ノードクヴィスト
訳	枇谷玲子
発行者	株式会社三省堂　代表者　瀧本多加志
印刷者	三省堂印刷株式会社
発行所	株式会社三省堂
	〒102-8371 東京都千代田区麹町五丁目7番地2
	電話　(03)3230-9411
	https://www.sanseido.co.jp/
DTP	株式会社エディット

落丁本・乱丁本はお取り替えいたします。
©Reiko HIDANI 2018　Printed in Japan
ISBN978-4-385-36158-1〈眠くならない数学の本・128pp.〉

本書を無断で複写複製することは、著作権法上の例外を除き、禁じられています。また、本書を請負業者等の第三者に依頼してスキャン等によってデジタル化することは、たとえ個人や家庭内での利用であっても一切認められておりません。

本書の内容に関するお問い合わせは、弊社ホームページの
「お問い合わせ」フォーム（https://www.sanseido.co.jp/support/）にて承ります。

正多面体を作ってみよう

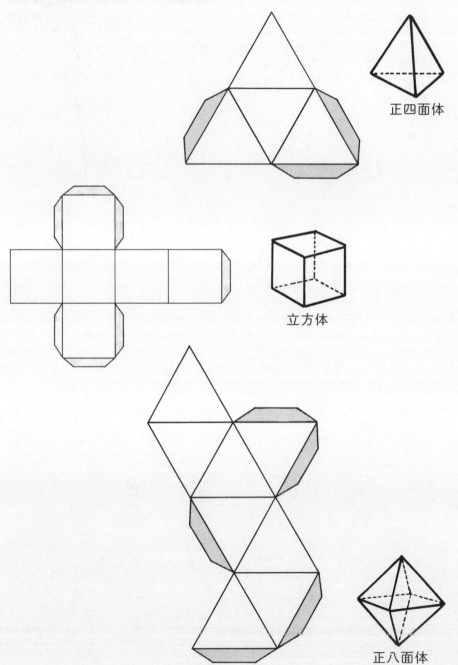